PLC 标准化编程
原理与方法

王前厚　编著

机械工业出版社

本书针对 PLC 编程工程师设计工作量大、现场调试时间长、售后服务工作量大、工作效率低的现状，提出了全新的、以面向对象为基础原理、模块化、高内聚低耦合的设计和编程框架，最终形成以提高效率为目的的标准化编程方法。其标准化编程原理和方法是一种普遍性的设计思想架构，适用于所有 PLC 品牌和绝大部分型号。书中以西门子 S7-1500 PLC 和 WinCC 为例做了比较深入的讲解，同时也对其他各品牌软件平台做了可行性分析，对实现标准化架构所需要的其他技能也做了详尽的分析。

无论是工程行业还是非标设备行业，预期应用标准化设计方法后，效率均可以提高 3～5 倍以上，由于实现了模块化，使团队协作分工成为可能，大量简单重复的工作可以由技术工人协助工程师完成，减轻了工程师的工作负担。

本书适用于工业自动化行业对 PLC 产品软件、硬件和编程语言有基本了解和应用经验的编程工程师。

图书在版编目（CIP）数据

PLC 标准化编程原理与方法/王前厚编著．—北京：机械工业出版社，2022.2（2024.11 重印）

ISBN 978-7-111-70165-1

Ⅰ.①P… Ⅱ.①王… Ⅲ.①PLC 技术－程序设计 Ⅳ.①TM571.61

中国版本图书馆 CIP 数据核字（2022）第 027172 号

机械工业出版社（北京市百万庄大街 22 号 邮政编码 100037）
策划编辑：林春泉　　　　责任编辑：林春泉　间洪庆
责任校对：王　欣　贾立萍　封面设计：鞠　杨
责任印制：常天培
北京机工印刷厂有限公司印刷
2024 年 11 月第 1 版第 4 次印刷
169mm×239mm·12.25 印张·228 千字
标准书号：ISBN 978-7-111-70165-1
定价：59.00 元

电话服务　　　　　　　　网络服务
客服电话：010-88361066　　机　工　官　网：www.cmpbook.com
　　　　　010-88379833　　机　工　官　博：weibo.com/cmp1952
　　　　　010-68326294　　金　书　网：www.golden-book.com
封底无防伪标均为盗版　　机工教育服务网：www.cmpedu.com

随着技术的飞速发展，各种品牌的 PLC 产品也纷纷升级，性能越来越强大，与 IT 系统越来越接近。传统的 PLC 编程模式已经不能满足时代的需求。

工程师除了掌握基本的 PLC 编程技能外，越来越迫切地需要用标准化、模块化的编程方法使项目系统的设计、调试、服务等更高效，更节省人工，本书为解决这些需求给出了方法。

PLC 标准化编程方法是设计方法和设计流程的标准化。越是复杂的工艺，不能重复地复制系统，越是需要标准化的设计方法。作者在不依赖于 PLC 品牌的基础上提出了全新的 PLC 编程方法的标准架构，在业界首次提出了面向对象的四层工艺设备库的概念，并在西门子、罗克韦尔、三菱等品牌中应用实现，同时也验证了其他品牌的可行性，对其他品牌标准化的开发也正在进行中。

从 2018 年起，作者将在实际工程项目中成功运行的系统程序资料打包整理，分享给参加学习的同行，由此组织了标准化学习营，将标准化成果推广到整个行业。几年间，通过与学员的交流，针对更多的应用需求，使标准化的设计理念更加丰富、成熟。为了帮助更多的自动化工程师掌握这种设计方法，快速提升工作效率，故编写了本书。读者可以通过阅读本书获得灵感，尽自己所能应用到自己的设计工作中。

本书对于标准化学习营的学员，则可作为学习提纲，结合已有的项目资料，可以更清晰地理解作者所主张的理念和思想。通过与项目资料的对照印证，可以更好地吸收并更快地应用到项目中。

在本书的章节设计中，除了对已有的传统设计方法做了回顾之外，其核心内容是以理论与实践相结合的方式，即先介绍一部分理论，然后对这部分理论进行实践应用，之后继续更深入地讲解理论，再进行对应的实践应用。其中还介绍了作者 20 余年工作经验的精华。

作者在西门子论坛开设有《万泉河讲故事》专栏，并且开通了微信公众号"PLC 标准化编程""SCADA 在线助手"等，在编写本书之前，累计发表了自动化技术等文章和故事 200 多篇。其中大部分文章是与标准化编程相关的，还包括很多理论观点。

另外，为方便读者交流，在现有的自动化同行 AD 自动化俱乐部系列微信群之外，还开设了专门的读者交流微信群，敬请读者关注微信公众号或加作者本人微信 zho6371995 等方式，获取加入微信群的邀请。

本书中论述的标准化设计方法是在行业内前所未有的，包括国外进口的设备项目中也未见到。这一点可以从标准化学习营的学员处得到印证。所有学员无一例外地表示，在此之前，从未见过与此类似的 PLC 程序的实现方式，并表示大开眼界，对 PLC 行业是全新的设计方法。

作者希望通过本书，可以引领国内自动化同行，实现与 IT 行业编程方法接近的标准化、模块化的设计方法。PLC 系统的设计编程工程师可以自豪地称自己为程序员，而不再是使用一种小众产品和设计语言的另类工程师。

作者预计，未来 10～20 年 PLC 产品还将继续存在，然而整个 PLC 行业的编程设计方法必定是标准化和模块化的。在所有的自动化工程公司以及非标设备制造厂中，工程师将承担系统开发和公司流程标准的制定，而具体的项目设计、程序设计、设备调试等工作则由生产部门负责执行。

希望未来从事工业 PLC 系统设计的同行和后辈在应用标准化设计方法时，还能记得曾有过一位网名为万泉河的人所做出的开创性的贡献。那么作者本人也会为曾经从事过这个行业，并为这个行业做出过微薄的贡献而感到欣慰。

感谢所有标准化学习营的学员，你们的信任和支持是我不断研究和提高的动力。也特别感谢那些优秀学员参与了本书的审稿工作，为本书提出了很多有益的建议。

作者

目　录

第 1 章

综　　述

在工业生产过程中，大量的开关量顺序控制按照逻辑条件进行顺序动作，并按照逻辑关系进行联锁保护动作的控制，以及大量离散量的数据采集。传统上，这些功能是通过气动或电气控制系统实现的。1968 年美国 GM（通用汽车）公司提出取代继电器控制装置的要求，第二年，美国数字公司研制出了基于集成电路和电子技术的控制装置，首次采用程序化的手段应用于电气控制，这就是第一代可编程序逻辑控制器（Programmable Logic Controller，PLC）。

1987 年国际电工委员会（International Electrotechnical Commission，IEC）颁布的 PLC 标准草案中对 PLC 做了如下定义："PLC 是一种专门为在工业环境下应用而设计的数字运算操作的电子装置。它采用可以编制程序的存储器，用来在其内部存储执行逻辑运算、顺序运算、计时、计数和算术运算等操作的指令，并能通过数字式或模拟式的输入和输出，控制各种类型的机械或生产过程。PLC 及其有关的外围设备都应该按易于与工业控制系统形成一个整体，易于扩展其功能的原则而设计。"

早期的 PLC 主要由分立元件和中小规模集成电路组成，可以完成简单的逻辑控制及定时、计数功能。20 世纪 70 年代初出现了微处理器。人们很快将其引入 PLC，使 PLC 增加了运算、数据传送及处理等功能，完成了真正具有计算机特征的工业控制装置。此时的 PLC 为微机技术和继电器常规控制概念相结合的产物。

20 世纪 70 年代中末期，PLC 进入实用化发展阶段，计算机技术已全面引入PLC 中，使其功能发生了飞跃式提高。更高的运算速度、超小型体积、更可靠的工业抗干扰设计、模拟量运算、PID（比例-积分-微分）功能及极高的性价比奠定了它在现代工业中的地位。20 世纪 80 年代初，PLC 在先进工业国家中已获得广泛应用。这个时期 PLC 发展的特点是大规模、高速度、高性能、产品系列化。这个阶段的另一个特点是世界上生产 PLC 的国家日益增多，产量日益上升。

这标志着 PLC 已步入成熟阶段。

20 世纪末期，PLC 的发展特点是更加适应于现代工业的需要。从控制规模来说，这个时期发展了大型机和超小型机；从控制能力上来说，诞生了各种各样的特殊功能单元，用于压力、温度、转速、位移等各种各样的控制场合；从产品的配套能力来说，生产了各种人机界面单元、通信单元，使应用 PLC 的工业控制设备的配套更加容易。目前，PLC 在机械制造、石油化工、冶金钢铁、汽车和轻工业等领域的应用都得到了长足的发展。

为了使工程技术人员更好地使用继电器、接触器系统，早期的 PLC 采用和继电器电路图类似的梯形图（LAD）作为主要编程语言，并将参加运算及处理的计算机存储元件都以继电器命名。

LAD 语言的主要特点是简单、直观。在早期的继电逻辑搭成的控制系统升级为 PLC 控制系统之后，所编制的 LAD 程序简直可以和继电器逻辑图完全等同。可以认为，由于 LAD 语言的发明诞生了整个 PLC 行业。

由于 LAD 语言过于直观，整个工业行业中所有的 PLC 品牌所编制的 PLC 程序都是平铺式的，按照电气控制柜或者按照生产工艺的顺序程序线性地平铺下来。由于技术的发展，一些品牌的 PLC 支持模块化，但也只是将平铺的程序简单地分割到若干模块中。从设计理念上来说，仍然是线性的。

近 10 年来，由于计算机技术的飞速发展，更快速、更大内存、更高性能的 CPU 应用到 PLC 系统中。同时各 PLC 厂商的软件系统也在不断地升级，各种新的功能接近计算机高级语言的编程语言加入到 PLC 的编程语言中，使得 PLC 编程更具灵活性，更接近计算机编程的方法。

但是，工业行业是个比较遵循传统的行业。虽然 PLC 的硬件和软件系统已经升级了多次，但很多行业，控制逻辑和程序还是遵循最早开始使用 PLC 做出的逻辑。在各 PLC 厂商推出新系统时，很多工业用户首要关心的是旧的控制程序能否直接升级使用？只有支持移植旧程序略加改造就能使用，才会接受，否则这些新产品新技术就会被市场拒绝。

于是，尽管计算机行业已经日新月异，并且 PLC 厂商提供的系统已经与 20 世纪 80 年代的旧产品性能上有翻天覆地的变化，但在大多数传统行业中，应用控制程序仍然与最早 80 年代的是一个套路，无非是细节上有一些差别。比如过去模拟量处理不方便，大量使用的纸质记录仪，而今换成了软件内部控制，数据直接传到上位机数据库中记录，仅此而已。

尽管计算机行业的编程方法飞速发展，但在工业控制领域，大量的 PLC 控制程序仍然沿用着 40 年前的套路。一代一代的工程师从入行开始，所接触的行业应用程序或者案例都是一样的，在他们自己设计出来的控制系统中逻辑程序也全都是继承效仿前人的，完全没有追随计算机行业那样有翻天覆地的变化。

基于 LAD 的线性编程方法，由于封装性不够好，一个重大的缺点是代码的重复使用性低，现场的调试工作量大，导致大批从事工业控制的工程师将大量的工作时间耗费在项目出差现场。一个工程项目，哪怕是相当多的重复性的项目，虽然已经做过了多次同样类型的项目，由于控制点数的变化和设备的具体参数的变化，导致应用程序逻辑总要有细微的差别。

诚然，一些自动化厂商推出了带有一定封装功能的控制软件产品，比如西门子公司的 PCS 7 和 AB 公司的 PlantPAx，但这些封装还是比较原始的，仅仅是在基本控制设备层面上实现了封装，在高级的工艺相关的逻辑没有做到封装，已有的项目经验不能顺利继承并充分利用，大量的逻辑实现仍然需要工程师在项目实施现场完成。

出于安全的原因，即便细微的差别也都需要具有丰富工程经验的工程师亲自完成，而不敢轻易地交给初入行的学徒，或者助理工程师来完成，这极大地影响了工作效率，同时加大了项目实施的成本。

本书作者从事自动化技术工作 20 余年，从开始消化吸收引进生产线项目，到自己主导设计生产线，调试自动化设备，以及从事技术支持工作，为客户进行 PLC 及 WinCC 编程培训工作，并且还兼职担任西门子自动化技术论坛版主，一直关注工业自动化行业的发展。

在关注工业自动化产品升级换代的同时，也一直持续研究高效地进行 PLC 标准化编程的原理和方法，并从中积累了大量的素材和丰富的经验，并应用于工程实践。2018 年作者结合西门子最新发布的 TIA Portal V15.0 新功能，实现了全方位、真正的标准化应用，示范项目已经在客户工厂成功运行。

这次标准化应用是史无前例的。不仅在同行之中是首例，在作者本人的项目经验中也是首例。

因此作者向广大同行推广标准化应用示范项目并开展了相关培训辅导，一批自动化行业的创新先行者参加了培训，并在各自从事的行业中进行了推广应用，取得了很好的效果。

作者本人在项目成功应用以及培训经验基础上又进行了理论总结，提取其中的理论精华，可以完全抛开原有的 PLC 硬件和软件，形成了面向整个自动化行业标准化应用的规范。继而又组织力量对罗克韦尔、施耐德、倍福等品牌的标准化设计方法进行了应用示范，进而在某些小型 PLC 中使用同一理论方法也进行了有效的实践。

实践证明，这一方法是成熟可靠的。采用这一标准化的设计方法设计的程序，效率高、代码可复用性高，大大地减少了现场的调试时间和难度，也大幅降低偶然因素出错的概率，这对于整个自动化行业必将是引领一场全新的潮流。

标准化设计方法的核心目的是提高程序的设计效率，如果不能提高效率，则标准化设计就没有意义。所以本书在讲述标准化原理方法的同时，会针对各品牌应用时重点介绍相关功能的高效实现。使读者在学习标准化方法的同时还可以复习强化对各品牌 PLC 软硬件的高效使用技巧。在学习本书之前，对感兴趣的品牌，只需要稍微学习了解其基本的使用方法即可。

　　小型 PLC 由于原始设计性能较低，先天不具备标准化编程的能力，为了使其具备这种能力，需要从基础进行较大的改造，因而需要较高的 PLC 应用能力，难度较大。本书作者虽然已经实现了在 S7-200 SMART PLC 中的标准化应用，但因篇幅的限制，相关的设计方法并没有在本书呈现。有兴趣的读者在阅读本书之后，在理解原理的基础上，可以联系作者进行咨询。

第2章

传统 PLC 编程方法的总结与回顾

2.1 所有物理信号都是 I/O 信号

我们通常认为 PLC 本质就是一台计算机。但 PLC 系统和计算机系统最大的区别是 PLC 主要针对简单物理 I/O 对象的处理，并且数量巨大。

尽管计算机软件中最终也是输入输出，但它面对的输入输出主要是鼠标输入、键盘输入、屏幕显示、磁盘数据读写（包含数据库）、网络通信数据读写、甚至更复杂的语音输入输出、图形输入输出、条形码、二维码和图像识别等。在个别情况下，比如一些分析仪器，会有与 PLC 一样处理简单物理电信号的 I/O，但通常数量非常少。在数量少的情况下，通常会在计算机上插入专用的 PCI（外部设备互连）板卡来实现，但如果一个系统中的物理 I/O 信号数量占多数时，传统计算机的接口就很难实现了，所以通常会由专用的 PLC 或 DCS（分散控制系统）实现。

所以，I/O 数量多的场合是 PLC 的主要应用领域。

这些 I/O 信号最基本的特点都是简单的电气信号，主要有数字量输入（DI）、数字量输出（DQ 或 DO）、模拟量输入（AI）、模拟量输出（AQ 或 AO）。

通常情况下，这些基本的电气信号通过 AD/DA 采集或者转换之后，在 PLC 内部呈现为基本的计算机数据，即长度为 1bit 或者长度为 16bit 的离散量。

除此之外，还有如高速计数输入和高速输出的信号，是靠特殊功能模块实现的，但到了系统内部，本质上仍然是数字量或者模拟量数据，所以不特别讨论。

在 PLC 程序中，所有物理信号都是 I/O 信号。整个控制系统最终都是在为这些 I/O 服务。根据输入的状态做出响应，最终输出到物理的电气设备。

2.2　通信数据都是 I/O 数据

现在的工业控制系统，越来越多的都是通过通信总线的方式传输数据的。比如上述的物理 I/O 信号，大多都是通过各种 PROFIBUS、PROFINET 总线等，以及分布式 I/O 的模块传递的。除此之外，还有越来越多的智能型通信站，比如具有通信功能的变频器、二次仪表，甚至另外一台 PLC，因为设备之间工艺逻辑的需求，需要进行数据通信。

这些通信数据通常是单向的，即在本 PLC 系统看来，有一部分数据区是发送给通信伙伴的数据，而有另外一部分数据区是通信伙伴发给本机的（本机收到的数据）。把一台 PLC 作为一个独立的封闭系统来看，这些通信数据本质上也都是 I/O 数据，只不过数据类型除了上述的离散量和模拟量之外，还有可能是其他一些数据类型，比如字节、浮点数、字符串等。

但这些数据的 INPUT 和 OUTPUT 的属性区分还是很明显的，通信收到的数据相当于 I，通信发出的数据相当于 O。

2.3　上位机通信数据也是 I/O 数据

在上一节提到计算机系统中会有一些复杂的 I/O 信号，如声音、图像等。在工业系统中，遇到此类复杂信号时，通常不会直接进入 PLC，而是另外部署一台专用的计算机。这台专用计算机有时是触摸屏，通常称为人机界面（HMI）；有时是个人计算机，上面的软件通常称为 SCADA（监控与数据采集），总体统称为上位机。

这台上位机一方面实现与 PLC 通信，从 PLC 中获取实时数据；另一方面实现 HMI，把来自 PLC 中的数据实时显示到屏幕上，同时还可以把来自上位机的人工输入的指令和数据传送给 PLC，以指挥调度 PLC 系统运行。由于这一功能需求相当普及，所以所有 PLC 品牌都内置了和上位机的通信服务。在制作上位机软件时，不需要下位机的 PLC 做任何通信配合工作，而是上位机可以组态的方式，直接访问 PLC 的输入、输出、内存区，以及寄存器等 PLC 的各种存储区地址，从外观简单来看，PLC 侧并没有做什么编程工作，而内在的原理是 PLC 系统事先已经把上位机通信服务做好了。

当然，也有一些特殊协议连接的上位机，比如触摸屏作为 MODBUS 从站，这个时候所有 PLC 送给触摸屏显示的数据，在 PLC 侧是输出数据。而触摸屏上下发的数据指令，对应到 PLC 中则是输入数据。

总之，不管上位机数据是自由组态的通信，还是占用了单独的 PLC 的 I/O

地址，本质上这些数据对于 PLC 来说都是 I/O 数据。

　　唯独不同的是那些被组态了可以被上位机通信的数据，通常是可以读＋写，而最终是读还是写，完全取决于上位机和下位机使用中对此数据的处理，所以可以有相当大的自由度。

　　比如，如果 HMI 可以对一个变量的数值进行修改，而 PLC 程序中只读取这个数值，而不会给其赋值，那么这个变量对 PLC 来说相当于 INPUT；反之，如果 PLC 程序中不断通过运算，并将计算结果送到这个变量，而到了 HMI 中，则只是显示，那么它对 PLC 就相当于 OUTPUT。而即便在 HMI 上对它进行数值修改，也不会成功，因为写入的瞬间就被 PLC 的计算结果冲掉了。

2.4　面向 I/O 的逻辑编程

　　由于 PLC 诞生之初的设计目的是为了替代继电器逻辑，所以传统 PLC 程序的写法都是针对具体的 I/O 的。最典型的逻辑是电机的自保持梯形图逻辑，如图 2-1 所示。

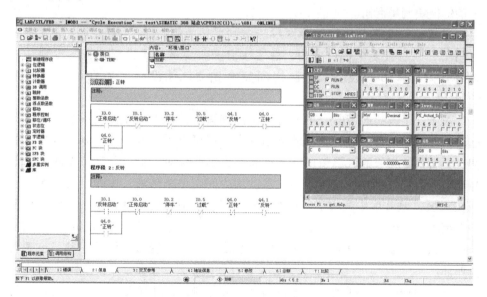

图 2-1　梯形图逻辑

　　一个梯形图逻辑里面包含了一个电机设备的所有启动指令、停止指令、运行条件、故障保护，以及逻辑互锁等信息，所以在调试中非常直观、便捷。如果一套系统中，这样的电机设备有 10 套，那也无非是复制 10 次，然后所使用的 I/O 地址修改一下，逻辑条件有稍微变化的地方，再做些细节的修改。这就是所谓的面向 I/O 的编程方法。

再进一步，如果系统规模更大，比如有 100 台电机，在一些中、大型的 PLC 系统中，就感觉有些复杂，把所有梯形图逻辑都罗列在一起，会显得特别冗长，查阅翻页都不容易。所以，行业中逐渐产生了模块化编程的思想和需求。最简朴的模块化编程思想，其实是与控制设备的物理空间排布相关的。比如一条生产线，设备的排布大致可以分为 A、B、C、D 4 个区，见表 2-1。

表 2-1　区域示意

A 区	B 区
C 区	D 区

那么在 PLC 系统编程中，大致按照每个区的分布方式，把其中的设备集中在一个功能块中进行编程，即 FC1→A 区，FC2→B 区，FC3→C 区，FC4→D 区。这种所谓的模块化编程，其实只是平行的模块调用。模块之间并不存在上下级调用关系，所以严格地说算不上是真正的模块化。本书谈及的标准化编程，本质上是模块化编程，但模块与模块之间，往往存在较多的上下级调用关系，本书后面的章节将逐渐提及。但又不称之为模块化编程，就是为了避免与这种平铺的模块调用混淆。

通常，一套工艺系统的分区没法做到严格清晰，总会有一些设备或者承上启下，或者被多个部位公用，总之会有一些设备处于模糊地带。否则，如果没有模糊地带的设备，分区之间完全独立，就没必要做到一个工艺系统里。

对于处于模糊地带的公用设备，在传统编程设计中，在控制系统中进行分区时，通常会比较任意，随便就近划一个区就可以了。因为即便划在邻区，其实也无所谓。相邻的区要使用其运行状态作为联锁时，直接取其状态的 I/O 信号即可。而如果要操控这个设备，那就用中间变量来传递。比如设备的主控逻辑在 A 区，但 B 区中某些工艺条件也要求启动。那么就在 B 区的程序块中生成一个请求启动的变量 M，然后再修改 A 区的设备逻辑，把这个 M 条件加进去。具体怎么加，取决于真实的工艺要求。总之，这种处理怎么做都正确，也都无可厚非。

当这种跨区域的联锁与启停逻辑在一套控制系统中随处可见，不定什么时候，工艺上就会提出个什么联锁需求时，这个控制系统的逻辑就会逐渐复杂庞大起来。然后用掉的中间变量也会越来越多，变量用得多了以后，除了程序的可读性变差以外，也容易产生重复使用，会给系统带来错误风险，所以就需要有一个规范的标准来规范这些变量的使用。这就是长期以来一些企业推行的编程规范。

2.5　传统编程标准规范

　　传统的面向 I/O、面向工艺过程的 PLC 编程方式，耗费了大量的全局公共资源。许多企业根据自家行业所制定的一些所谓的标准化规范，往往主要就是约定系统中的资源分配。

　　特定的工艺段分配给相应的资源，包括 FC 的编号、M 变量、T 变量、DB 等，都给约定特定的区域。这里指的是系统内部使用绝对地址寻址的 PLC，如西门子公司的 S7-200、S7-300、S7-400。而对于一些 PLC 内部使用了符号寻址，如 AB 公司的 1756、1769，变量名字可以随意起，只要与原来用过的变量名字不冲突即可。符号寻址看起来貌似简单多了，好像不存在变量使用冲突的问题。而实际中如果对各程序块所使用的变量名字不做区分，编程过程中一旦发现名称已使用，将不得已在一个 START 之后，新的 START 只好起名字为 START_1、START_2 等。

　　最终的程序反而更难以阅读了。要阅读理解程序，必须通过 PLC 编程软件所提供的交叉引用功能，作者文章《【万泉河】PLC 高级编程：抛弃交叉索引》对此做过阐述。所以，即便是符号寻址的系统，变量名字的命名也需要事先做好规范。

　　这些变量的使用，包括了程序逻辑中用到的辅助变量，如顺控步数，算术运算中用到的过程辅助变量等，也包括调用一些系统特定功能时需要强制绑定的实参，很多变量在程序中并没有使用，只不过是为了满足语法要求的占位，还包括了用于与上位机 HMI 通信而规划的变量区，如前文所述，对 PLC 是充当了 I/O 的功能。

　　通常为了方便在上位机 HMI 中批量建立变量，用于 HMI 通信的变量会指定专用的数据块，建立之后在程序中使用。由此，在 PLC 程序中，还需要有专门的模块用于收集数据状态，用于送给上位机显示或报警。这种规范约定也常常出现在各行业的企业标准中。

　　在以后的项目调试和升级换代中，即便不同的工程师经手，也按照规定的规律使用预留好的资源区域，最终，即便有多位工程师经手，经过上百遍的修改，也能保持整齐队形，不混乱。

　　然而，这种硬性的规定在实际执行中很难贯彻下去。一方面需要规范的制定者具有技术权威性，关于此话题，作者曾经写过文章《【万泉河】技术权威主导推动的企业标准化》做过探讨。另一方面即便是规范的制定者本人，也很难自始至终地保持程序的规范性。程序调试的过程往往伴随着工艺逻辑的调整和升级，有很多时候，工艺并不是确定的，所以所做的程序逻辑往往带有试试看的性质。编程工程师对这些功能测试性质的程序，就不会每一步都严格遵循标准规范。相反，有时候为了突出相关程序段的测试性质，反而会特意使用一些偏离规范的变量及资源。

然而，有可能经过若干次反复修改，工艺逻辑定型了，工程师就没有心情或没有机会坐下来对相关程序段完全重新编写了，所以那些曾经以为临时的测试功能段，就永久地沉没在了设备程序中。换一个新项目，再重新做程序时，这段程序也都未必有机会去改正，新项目往往周期短、任务急、压力大，又有一些新升级功能需要投入更多精力等各种原因，经不起折腾，所以也仍然将错就错了。

由此，一套程序维护几年后，里面"垃圾成山"。再往后，经手的人多了，就完全看不出规范的样子了。只能下决心，在有时间、有机会时，腾出手把整个项目重新严格按照规范再写一遍。其实，如果写程序的方法不变，即便完全重写一遍也仍然避免不了要再走一遍这样的循环。

2.6 结论

随着计算机芯片技术的发展，PLC 系统所采用的芯片也在不断地更新，系统性能逐渐提高。当 PLC 的 CPU 所采用的芯片已经与主流计算机芯片性能相差无几时，而 PLC 系统的编程方法仍旧采用面向过程和面向 I/O 的编程方式就严重落伍了，不能满足时代的需求了。

传统的、面向 I/O 编程方法的弊端是已有的技术成果不容易封装保存，也不容易实现标准化规范。由此导致设计过程不能标准化，设计调试工作量大，工程师工作效率低，建立在以往传统编程模式的设计标准，并不能真正地实现提高效率、降低成本的目的。因而迫切需要一种能够真正实现模块化架构的标准化编程方法，这是本书的成因。

作者从 2010 年开始，借鉴参考 PCS 7 的运行原理和模式，尝试在 S7-300 PLC + WinCC 的架构下，模仿实现 PCS 7 的运行效果，从而做了一些 PLC 编程标准化方向的探索，总结了一些经验。但是由于系统功能的限制，无法实现彻底的标准化架构。设计和调试效率虽说得到了一定程度的提高，但在标准化方面还不够成熟。

作者在标准化理论方面做了一些思考和总结，其中于 2018 年先后发表了两篇文章：《【万泉河】好的 PLC 程序和坏的 PLC 程序的比较标准》《【万泉河】我现在告诉你们不用 M 和 T 的程序好在哪里》。这两篇文章发出后，读者反响强烈，仅在西门子公司官方论坛，两个帖子的点击量就超过 3 万。

这里所提出的观点，其实都是最简单不过的基础知识，没想到竟然带来如此大的关注，很多同行由于不理解而互相争论。于是认识到，工控行业的工程师在标准化方向上，还存在大片的技术真空。

将 PLC 标准化编程的理论、技术探索、发展成熟到推广应用，既是我们的责任，也是摆在我们面前的巨大机会。

2013 年以来，西门子公司新的自动化系统平台 TIA Portal 逐渐普及应用。也随之在 S7-1200 PLC 系统中逐渐尝试做标准化。在经历了 V13 SP1、V14、V15 等版本升级过程后，到 2019 年，终于在 V15 版本发布应用后，惊喜地发现实现标准化架构所需要的所有技术要点已经全部支持。全面实现标准化架构的条件已经成熟。

在 2018 年，作者利用一次新的工程项目设计开发的契机，把原来 S7-300 PLC 的控制系统，升级为 S7-1500 PLC，并将原本以旧的标准规范所做的控制程序全部废除，推倒重来。以全部模块化标准化的架构，重新设计了程序，并在项目中成功应用。

在新做项目的过程中，一方面满足项目的需求开发了大量的库函数模板，另一方面也逐渐丰富并完善了标准化设计方法的理论。到项目完工之时，标准化理论框架也基本形成。

由此，作者整理、总结了完整的标准化编程的方法和规范，并在后续项目中应用的同时，不断地完善，形成了一套成熟、完整的标准化方法。而后，以此理论架构为基础，在 S7-200 SMART PLC 中同样实现了标准化编程设计的应用。原本因为 PLC 系统功能的限制，认为小型 PLC 做不到标准化设计，但当我们真正掌握了标准化设计的规范之后，对其系统欠缺和不方便标准化应用的部分做了改造，并进行二次开发，添加了一些必要的功能，最后得以实现。

由于 S7-200 SMART PLC 不适合做标准化应用，改造过程比较复杂，难度系数较高，不建议新手尝试。

为了证明 PLC 标准化编程的方法不仅适用于西门子也同样适用于所有其他品牌，我们组织开发了面向 AB ControLogix 5000、三菱 GX Works 和 CoDeSys 平台的标准化应用示范项目，对其他品牌平台的开发也一直在持续进行中。

第 3 章

标准化编程原理

3.1　标准化方法的目的是提高效率

　　效率包含设计效率、调试效率和维护升级效率。所有这些效率所解决的都是人的效率，人的效率最终代表了效益，对于公司来说是增加了产出，降低了成本，提高了利润；对于工程师个人是提高了工作效率和单位时间创造的效益，最终所获得的工资收益，即自身价值也提高了。

　　对于一个自动化公司来说，同样的业务量，同样的工程师人数，原本需要加班加点才能应付，而实现标准化方法之后，工程师不再需要加班，而且工程师之间可以互换，设计工作交接非常容易，哪怕临时代替的人都可以随时上手。于是实现了工程师技术力量的互相备份。公司对技能优秀的工程师可以毫无顾虑地提拔，不再担忧工程师调离岗位后原承担的技术工作无人替代，由此实现了最大程度的人才管理优化。

　　最终，公司的人力成本降低了，效益提高了，由此达到了双赢。

3.2　标准化不代表完美和正确无错误

　　必须清晰地认识到，标准化方法设计的程序并不代表一定是正确无误、完美无缺的，尤其在刚开始进行标准化设计的初期。

　　由于一些模块是新开发的，虽然在实验室环境内经过了一些测试，但实验环境毕竟有别于真实的生产环境，总有一些逻辑的盲点事先不能测试到。另外，对一些从外部引进封装好的标准模块，编程工程师在初次使用时，对其特性不熟悉，在一些细节上可能有理解偏差，这些都有可能导致程序模块在初次上线运行时会出现各种各样的错误，需要在现场进行诊断、调试和改进。于是导致初次进行标准化架构调试所耗费的时间会更长，可能会有反对的声音，抱怨还不如从开始时就采用传统编程方式。所以，如果要推行标准化程序架构，公司领导层面需要对工程师有足够的支持，而对于主动推行的工程师个人，则自己要首先有充分的思想准备。最好选择工期足够宽裕的项目作为标准化项目的开始，而且标准化项目因为逻辑层级比传统编程方式多很多，调试时出现的问题也更为复杂，调试难度提高了一个等级。尤其是使用了逻辑无法确定正确的底层模块时，当因为底层模块出现不可控的错误，而事先没有发现时，则在自动工艺逻辑运行中，会出现比以往更难以诊断的结果。

一旦模块使用成熟，在项目中成功应用后，就可以建立充分的信心，在后面相似的项目重复应用中，不需要在此方面耗费精力。

我们的标准化示范项目，在一个工程中成功运行后，后面相仿项目的调试速度会大为提高，现场调试基本上就是物理对点，完成后，项目很快便完工了。然而在使用中，客户因为对设备使用不熟练，对一些设备状态不理解，就对程序逻辑提出质疑。他们会问，你们工程师调试这么快，是不是没完全调试好就急着撤了啊？比以往设备厂商调试时间少许多，会不会是逻辑里面有不完善的地方？

我们给出的回复是这个工艺的程序块与某某公司的某条线，或者你们同集团的某基地相似的项目只是配置不同，但这一块逻辑用的程序块是完全一样的，直接复制的，甚至时间戳都是一样的。他们投产运行已经半年或一年了，如果你们这里有问题，他们那里早就发现了。所以放心吧，不是逻辑方面的问题。于是客户就会安心查找机械工艺、原材料等其他方面的原因了。

而与此对应的，在一些无关紧要的不影响生产的细节的问题，如果有遗留一些小错误，就会随着简单复制而蔓延到许多项目。经常是在一个新项目执行中发现的问题，回溯历史，发现从开始的某个项目中，这个错误就存在。而客户还在正常使用并没有发现。于是根据错误的严重程度，决定是否有必要找合适的时机，给前面客户的设备也做适当的升级。

这时，PLC 的程序就与 Windows 操作系统或者苹果手机的操作系统一样了，都有了软件主动升级的功能，在客户发现故障之前主动升级修复错误，其实原理是一回事。

3.3　PLC 编程中的高内聚与低耦合

标准化编程的目的和最终呈现的结果，对应 IT 行业的专业词汇就是高内聚、低耦合。高内聚低耦合是软件工程中的概念，主要源自于面向对象的程序设计中原则。我们在推广标准化编程的过程中，不可避免地也遵循了这样的原则。首先在网上以高内聚、低耦合为关键字搜索，随便就能收到很多这方面的文章。

这里转发一篇，大家可以看看什么是程序设计中的高内聚、低耦合？

https://mp.weixin.qq.com/s/y3zG97igGakL9rouNS8_kA

如果你不是专业 IT 程序员，而只是工控行业中 PLC 编程的工程师。看过那些文章之后仍然不明白与自己做的 PLC 编程有什么关系，或者不明白这些理念，如何能应用到自己日常的 PLC 程序设计中。

本节则试图以最浅显的语言来解释高内聚低耦合的含义，并以此约定 PLC 标准化编程的基本原则。

何为内聚，何为耦合？映射到 PLC 编程中，最简单的解释就是逻辑部分即为内聚，调用逻辑（即对象实例化）的过程即为耦合。高内聚低耦合的含义则为承载逻辑部分的功能要尽量复杂完备，而负责调用逻辑块的部分要尽可能的简单。当简单到啥逻辑都没有的时候，所谓的耦合，即调用的部分，存在的目的只是实现了参数（实参）的绑定。

最极致的简单是我给标准化学习营的学员提出的建议，也是我自己一直坚持的准则，模块调用的管脚上，哪怕一个取反，这是个最微不足道的逻辑吧？都不要有，即所有管脚的绑定实际参数必须是正值。

例如一个电机设备，它可能会有允许启动的条件和禁止启动的互锁条件，这两种条件的本质是互相取反的。通常的做法，一个设备允许启动的管脚绑上启动条件；而同级别的另一个设备，工艺要求是禁止启动的互锁条件，那就将变量取反，同样输入到允许启动的管脚了。我给出的原则建议是不允许！

给出的理由是，假设系统足够庞大，点数特别多。那么通常是主设工程师带几个实习生共同完成项目。复杂的逻辑部分自然由主设工程师负责，而相对简单的、不大需要动脑的部分安排实习生或者助理工程师来完成，即主要是数量庞大的对点、绑点、查线、消缺等工作。

在没有逻辑需求的情况下，只是简单地绑点，那么新手完全可以简单复制替换，或者复杂一点使用 EXCEL 或者小的自动工具也能完成。

若是上千个设备，同样管脚的位置，有的需要正逻辑，有的需要反逻辑，还偶尔有一些并联和串联，那基本上就会麻烦不断了。实习生要么是不熟悉工艺和逻辑到处出错，要么是无从下手时刻盯着主设工程师请教。在一些极端的情况下，主设工程师还会抱怨，这实习生什么都不懂，什么都问我，还不如我自己亲自做了呢！由此说明工作的分工失败了。

如果你还不能深刻理解什么叫高内聚，低耦合，只是简单地一下分工，高难度的是主任工程师做的工作就叫内聚，低难度的是新手实习生做的工作就叫耦合。

或许还有人说，我的控制系统很小，也无人与我配合，上上下下都是我自己一个人在搞定，没有必要分什么内聚和耦合了吧？

每个人的精力在一天内不可能是同一个紧张或者放松的状态。实际的工作情况也不允许你常年保持一个状态。比如经常有人表示，夜深人静的时候，注意力更集中，所以更容易做一些精细的，需要精确逻辑推理或者数学计算的工作。而白天的时候，各种事务性工作太多，电话，会议等打扰不断，根本容不得你静不下心来做设计，刚想做一点设计了，一个电话进来或者讨论一个新方案，思路又被打断，回来后都忘记做到哪儿了，又要从头开始。这个时候，你就可以对自己的工作时间做个合理的分工，把可以集中精力的连续片段的时间，安排做难度高的工作，而把容易被切割的片段时间，安排做用脑比较少，但属于偏向于体力活的简单工作。

前者即内聚，后者为耦合。这是在设计工作中的原则。

3.4　标准化思想与 PLC 品牌无关

前文讲过，我们在西门子 S7-1500 PLC 中完成标准化示范项目后，很快认识到，这个标准化思想可以形成脱离 PLC 品牌与型号的基础理论，我们很快实现了小型 PLC——S7-200 PLC 中的标准化应用，以及 Rockwell AB PLC 系统、三菱 GX Works 和 CoDeSys 平台的示范项目移植。尤其后几个平台不是针对具体项目的设计，完全是为了功能实现，完成对同样功能配置的在不同 PLC 平台之间的移植。在移植的过程中，因为品牌不同，功能实现路径也稍有不同，虽然遇到一些障碍，但最终都顺利解决了，证明了标准化原理的普遍性。

由于本书作者比较熟悉西门子 PLC、系统特点，所以全书介绍西门子 PLC 的篇幅较多，而其他品牌就相对较少。对有志于将标准化方法应用到其他相应品牌的读者，还需要了解一些西门子系统的词汇和概念，因为不仅在西门子相关的章节，在全书其他地方也都是以西门子系统来举例的。

但无论如何，读者在阅读本书时，自始至终都需要铭记在心的是，我们所推广的标准化编程的所有原理是针对所有 PLC 品牌的，并不限定在某个品牌的某个型号。

3.5　对象和实例的概念

标准化编程的基本思想的基础是面向对象，所以需要阐述面向对象的基本概念。

面向对象的标准化编程理念与软件行业的面向对象编程方法基本相同，但简单和直观得多。通常，软件行业谈到面向对象时，会强调面向对象编程的三大主要特征：封装、继承和多态。而在 PLC 编程中，这三点都不是非常重要。特别是后两者，大部分的 PLC 平台甚至都不支持，但仍然不妨碍我们使用面向对象的方法实现 PLC 标准化系统架构。所以，读者如果没有面向对象编程的基础，可以忽略三大特征，完全可以暂时越过不管，只关心面向对象本身的概念就足够了。当然，在本书后面的章节和作者已经发表的文章中，有一些这三者的应用介绍，但那些文章都是在标准化示范程序之后发表的，说明标准化示范程序都没有用到此类技术，也照样完成了。

通常，在软件工程中，关于对象的原始定义是，把数据及对数据的操作方法放在一起，作为一个相互依存的整体——对象。对同类对象抽象出其共性，形成类。这种定义比较抽象，难以理解。但在 PLC 中其实就很简单，对象就是一个个具体的设备，类就是设备类型。设备和设备之间有足够多的共性，可以归纳为同一个类，即一个设备类型。而每一台具体的设备就是一个具体的对象，很多时候称为实例。在程序中，生成这个实例的过程称为实例化。

在 PLC 系统中有完全相同的设备和相似度极高的设备，应如何界定这种共性呢？我们以这个设备占用 PLC 的 I/O 点为界定标准，即如果两台设备占用 PLC 的 I/O 点完全一样，那么就将它们归纳属于同一个设备类型的类；如果两台设备虽然有极大的相似性，甚至外购的供应商的订货号、价格都是完全一样的，仅仅是系统功能设计细节的差别，如 PLC 控制信号多了或者少了一个硬件点，那么也仍然把它们细分归属为不同的类。

这样做的原因是在 PLC 系统中，比较重要的是设计环节的点数统计、符号表整理等工作。我们以 I/O 来界定设备的类型，可以根据统计的各种类型设备的数量，快速地得出统计结果，这是可以带给我们效率提升的重要因素。

下面举例说明。以往计算机系统中关于面向对象的概念举例中，见得最多的是把大象装进冰箱的例子，总是让读者莫名其妙。而在 PLC 系统中，则简单多了。比方说，电机就是一个设备类型。具体到系统中，可能有通风机、水泵、空压机、搅拌电机、提升电机、传送带、螺旋输送机等，都可以归纳为电机类，如图 3-1 所示。

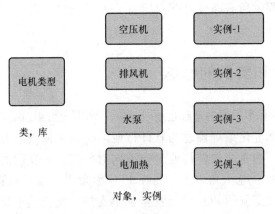

图 3-1　类与对象

它们的共同特点都是接触器（1 个 DO）驱动，具有电机保护功能（1 个 DI），尽管功率有可能千差万别，大到几十 kW，小到 1kW 以下，但本质上它们的控制原理是相同的，那我们就认为它们是同一个类。

细分一些，如果上述的其中某一台或者几台电机设备，盘面上需要多一个人工操作启停旋钮，这个旋钮将来要接到 PLC 的 DI 信号，导致 PLC 多使用了 1 个 DI 点，显然这个 DI 点是属于该电机设备的，那么就需要专门为这类电机细分一个子类。

再比如，每个电机需要在盘面有运行指示灯，这在过去是通用配置，因为现在有 HMI 了，所以都不给电机配置指示灯了。但如果情况特殊，关键位置的电机需要有指示灯，多了一个 DO 点，也同样需要细分一个子类，这样才能保证在统计点表时不会有遗漏，不会导致设计阶段失误，避免到了现场调试时才发现这种不必要的遗漏带来的巨大的隐患。

上述两个细分功能有可能同时存在，或有可能单独存在。因此在对设备类型分类时应事先考虑到。加上原始电机类型，所需要的电机类型已经有了 4 种。

如此就会发现，单单看电机设备的类型，在各种细分功能需求下，将会导致其类型数量以几何级的倍数急剧增长。我们会在后面章节中专门把所有的电机类型和工业自动化系统中用到的其他设备类型逐一做细分总结，尽可能多地涉及各个细节，给读者以参考。

有读者会质疑，做这么多的设备类型会不会导致 PLC 系统负担太重？完全不必担心，在 PLC 程序中并不会为每一个细分类型都准备一个单独的类库，而是会多个类型共用一个类库。

这里的细分很大程度是针对设计环节的标准化，所以 PLC 系统设计的标准化其实就是从设计规划环节开始了！

3.6　PLC 控制系统中的设备类型

在工业自动化系统中，不管是过程控制还是制造加工行业，控制系统的设备类型在粗分类型是不多的。我们通常总结大部分的系统，俗称泵阀控制。其中，泵包含了气泵（风扇）、水泵以及运输固体物料的各种电机设备。在大的类型划分上都属于泵类（电机）。

还有一种是外购的标准设备，比如加湿器、制氮机、空压机、冷干机等，内部功能一般比较复杂，但提供给 PLC 系统的是一个简单接口，就是启动停止指令运行状态、报警状态，在 PLC 看来就与一台电机一样，因而可以作为电机大类处理。

而阀类，既有以气力为动力的气动阀也有以电力为动力的电动阀，但最终都是为控制介质或物料的流动为目的，所以都归为阀类。另外，在制造设备上会有一批气缸驱动的机械结构，因为气缸是被电磁阀所驱动的，而且特性上和阀类一样，也会有开到位、关到位的位置检测，所以通常也归到阀类中。

将控制系统中的电机和阀类清点完毕后，其他的设备类型就不多了。而我们以面向对象的视角来分析控制系统，要求所有的 I/O 都必须属于某一个特定的设备。

首先比较重要且常见的是模拟量数据。通常在系统中，对某一个物理量值进行采集就是为了监控它的实际数值，在最底层的 I/O 分层来看，它是独立的，不隶属于任何设备。所以我们需要规划一个模拟量数据的类，用来处理模拟量 AI 数据。AI 信号类型有多种，可以分为多个子类。

然后是一些单独的 DI 信号，比如一些检测工件的接近开关，检测物料的料位计，液位开关等，它们同样也是不隶属于任何一个单独的设备。或者有时候虽然与某个标准设备关系比较紧密，如果非要将它归属给哪个设备，反而还需要特别为它增加一个设备类型，有些不值得。所以，倒不如把 1 个 DI 信号作为一个设备。

有时 DI 信号需要一个防抖动的滤波，所以只需要在其设备级别设计滤波功能，需要时设置一下时间参数即可，不需要在具体逻辑中再特别考虑。

同时还会有一些单独的 DO，比如只需要一个 DO 输出的执行器，或者一些指示灯或者报警器也需要一个单独的类。这些指示灯或报警器与前文提及的电机状态指示灯还不一样，它们不是隶属于单独某个电机设备的，而是用来指示某个工艺段整体的运行状态，所以需要将它们归纳为一个单独的设备。作者文章《【万泉河】如何优雅地点亮一个指示灯?》专门探讨过这个问题。在第 1 版本的标准化示范项目中是作为一种遗憾和疏漏出现的。所以，本书在此特别列出了这个 DO 设备类型，并强调其重要性，不可视其简单而忽视它。在文章中提到的公用设备的概念，会在本书稍后的章节中专门论述。

最后，还有一种数据类型是 AO，即模拟量输出通道。通常 AO 通道是与 PID 紧密联系在一起的。一个 PID 回路，通常需要一个 AI、一个 AO 以及一个来自 HMI 的设定值。通常 PID 会是一个独立性的类型，而且内部会包含对 AI 和 AO 数据的规范化处理，所以不需要独立的 AI 类的辅助。

一套自动化系统中的大部分 AO 通道数据都是属于 PID 回路的输出。甚至比如变频器驱动的电机，其启动停止等会与电机绑定在一起属于电机设备类，然而其频率给定值，会单独分出来属于一个 PID 回路，比如控制输出压力。

如果确实有个别的 AO 通道不需要 PID 计算，程序中可以借用 PID 块，只不过运行中把 PID 状态一直设置在手动状态，需要给定的输出值，直接给出即可。PID 块只是帮忙实现了一个规范化的作用。所以这是把个别 AO 通道当成了 PID 类的一个子类。

如果所设计的控制系统中根本没有 PID，那么显然也没必要为了 AO 而设置复杂的 PID 块，可以单独做一个 AO 模块，那就非常简单了，就是简单的物理量的线性转换，都不需要什么参数设置。

所以如何分类，程序员有灵活选择的权利。

总结：在 PLC 控制系统中，按大类划分设备类型，分别为如下 6 种：电机类、阀类、AI 类、DI 类、DO 类和 AO 类。

这些大类的集合，涵盖了一个控制系统中所有的 I/O。如果发现因为特殊行业的缘故有一些未被涵盖，应需要完善增加设备的类型。

在下一章的实际设计实践环节中，我们会对每一个基本设备类型逐个分析，对工程中实际可能会用到的子类逐一列出分析。

下面继续进行理论框架内容的介绍。

3.7　设备分层级

我们前面分析的设备对象和实例的概念都是属于系统中的基础设备，而在系统中，通常是由一个个基础设备组合而成的一个更为复杂的设备对象。在 IEC 和 ISO 等各类国际标准中对此有比较详细的描述，如 ISA-88、ISA-95、ISA-106 分别定义如图 3-2 所示。

这些层级从下至上出现的英语词汇分别有 Device、Control Module、Equipment、Unit、Process Cell、Plant Area、Site 等。

这些词汇翻译对应到中文，大部分都没有更贴切的可望文生义的对应词汇。更何况，这些英文单词本身的含义也不够清晰到从词汇就可以定位其层级级别。

而设备的分层层级对于标准化架构是如此重要，所以我们直接引入数字层级的概念，即设备的层级从下至上分别为 L1、L2、L3、L4。L1 设备即我们前面分析的基础设备类型。L2 设备全部是由 L1 设备组成的。L3 设备是由大部分的 L2 设备以及少部分的 L1 设备组成的。同理，L4 设备是由大部分的 L3 设备以及少部分的 L2 设备组成的，极少情况下，可能也有少量的 L1 设备直接参与了 L4 设备的组成。

我们约定只有 L1 和 L2 设备允许接外设 I/O，而 L3 和 L4 不许接任何外设 IO，即在这些设备对象实例化的过程中，L1 和 L2 的实参可以是外部 I/O，而 L3 和 L4 设备的实参不允许接外部物理 I/O。所以 L3/L4 类型设备的接口实参除了一些参数设定值之外，只可以有 L1 或 L2 或 L3 的设备实例。

而允许 L2 设备类型的实参接物理 I/O，导致本质上 L2 在上述的 ISA 架构分层中其实一样处在最底层。L2 只是对 L1 的功能细化或改进。所以严格地来说，不应该称为 L2 而应该称为 L1.5 或者 L1a，为了方便起见，我们也不需要太严格。

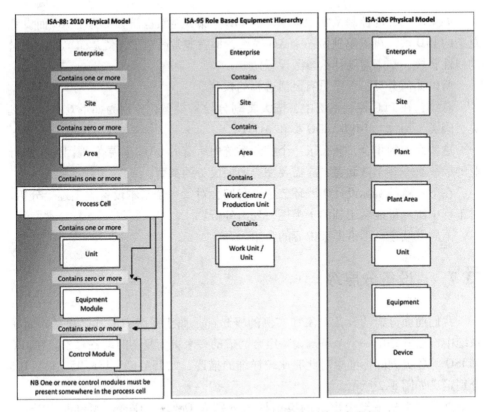

图 3-2　ISA-88、ISA-95、ISA-106 定义的设备层级

可以看出，其实到了 L3 和 L4 的设备级别，区分已经不明显了。有时候，如果分析认为 L3 设备的组成成分中存在一些 L3 级别的设备也未尝不可。从控制原理到设计方式，L3 和 L4 都不存在任何不同。因此可以将 L3 和 L4 设备统一称为工艺设备，将 L1 和 L2 的设备对象称为手动调用。

在面向对象的系统架构中，所有对象类型都是要实例化后才能成为实例对象。所以除了 L1/L2 设备需要实例化调用之外，L3/L4 的工艺设备也都分别需要实例化。在实例化之前，它们都只是工艺逻辑，不针对具体对象。只有在实例化的过程中，通过对具体对象实例的绑定，才实现了对具体工艺对象的控制。

比如 10 台 L1 设备组成了一套 L3 工艺设备，而一个自动化系统中有逻辑工艺一模一样的 L3 工艺设备 A 和 B 两套，那么系统中必然有 20 台 L1 设备，分属于 A、B 两套工艺设备。对 A、B 两套设备实例化的过程，其实就是将各自拥有的 10 台 L1 设备分派指定给 A、B 两套的过程。

图 3-3 表示了与前面的设备对象对应的工艺设备类及其实例的关系。

对所有工艺对象，哪怕只有一套也必须有实例化的过程，即先做工艺逻辑，后做实例化，不允许在一个工艺逻辑中同时完成。这是面向对象编程与面向过

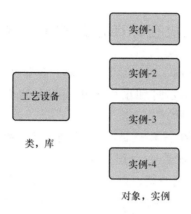

图3-3 工艺设备类与实例

程编程最大的不同，也是与未掌握标准化编程方法的读者以往编程习惯不一样的地方。

这个原则其实也是可以理解的。一套工艺设备，虽然短时来看，只有一个应用实例，但假以时日，换个工程项目就有可能要求在同一系统下再添加一套同样的工艺设备。如果没有严格遵循类＋实例的原则，没有区分逻辑和实例，一次性在一个框架内针对过程工艺完成了逻辑，那么当遇到要系统扩展的需求就尴尬了。如果和往常一样，通过将程序功能块复制后直接修改为另一套使用的逻辑，那么程序中所有控制对象以及所使用的辅助变量都需要逐个修改，这非常容易导致系统出现漏洞。严重时，原来正常运行的那一套工艺设备因为增加了新的工艺设备，也会受影响，导致功能不正常了。

这完全是老一套的编程方式了，应坚决避免的，也是标准化架构方法试图提升的价值所在。

用演员演戏的例子来解释上述的原则。比如戏剧学院的学生们分组排演莎士比亚的戏剧《罗密欧与朱丽叶》，小明和小薇分别饰演男女主角。那么在讲述剧情的剧本中，只可以提到罗密欧和朱丽叶的名字，而不可以直接提到演员的名字，可以说罗密欧服毒自杀了，但不可以说小明服毒自杀了。对应的剧本就是我们在L3的函数，而对L3实例化的过程，本质上只是演员表而已。多组演员表演一个剧本，与一组演员表演一个剧本并最终上映的商业电影，在编剧写剧本时，没有区别。比如，如果最终男女主演分别换成了其他人，在剧本中也不需要做任何改动。

唯有严格遵循将角色和演员完全分开的规则，才能实现前文所述的高内聚、低耦合的目标。所以本书后面还会经常提及角色和演员，并用来打比方，读者从现在开始必须习惯角色和演员的区别。

3.8 HMI/上位机在标准化架构中的位置

在 20 世纪 80 年代之前，PLC 诞生的早期，一套自动化系统通常都是在盘面布置密密麻麻的按钮、指示灯和仪表来实现与人的交互，如图 3-4 所示。

而如今，这种形式越来越少了。大部分的控制系统，小到非标设备，会配置一台触摸屏（HMI），如图 3-5 所示，大到过程控制系统，则会配置 1 台乃至多台上位机计算机，通过安装的 SCADA 软件，与 PLC 通信，获取运行状态，发送控制指令。

按照通常的理解，会把 HMI/上位机当成控制系统中的一台单独的设备来看待，程序中也会有专门的模块，

图 3-4　电气盘柜

用于收集变量和 HMI 的通信数据。毕竟，不管 HMI 还是上位机，都是实实在在存在的设备，有订货号，是真金白银按数量买回来的，所以理解为设备总没错。

图 3-5　触摸屏

然而，在标准化架构中，当我们结合它所实现的功能就会发现并非如此。

我们前文讲解过，每个设备的启停按钮及指示灯都是这个设备所附属的一部分，它们所占用物理通道的 I/O 都会被分配给这个设备。而现在，HMI 所实现的是对这些操作端的替代。无非是一台 HMI 就能够实现设备上的所有 I/O 功能。

想象一下，如果给每台电机阀门都单独配置一个 HMI，那么每台 HMI 都只是那台设备的专属 I/O，与所替代的按钮、指示灯级别没有区别。

所以，在标准化架构下，HMI 和上位机并不能算作一个单独的设备，它们只不过是恰巧被所有设备共用的人机交互终端而已。从逻辑上，它同时属于系

统中的所有设备，同时为所有设备提供操作接口。当然，如果系统中有多台 HMI 按生产线的区域分别各自控制其中的一部分功能，那么它们也只是分别被各自管辖的设备所共用。

反过来看，每一个设备类别，在功能设计之初就要预留好与 HMI/SCADA 通信的接口功能，权当作是设备分别配置了硬件的按钮、指示灯、仪表，各自独立与 HMI/SCADA 通信，与另外的设备没有关系，更与另外的设备增加或者减少没有关系。

要说有关系，也仅仅是 HMI 的计算和显示能力有限，导致能管理的设备数量有限制。当超出其限制之后，需要另外选型或者增加 HMI 的数量来解决。

HMI 所实现的功能包括：通过变量通信，实现对设备对象的运行控制、参数设定、状态显示、报警记录，以及趋势数据记录等。那么对每一项功能，在规划设计每一个设备类型的库函数时都需要单独部署。

当所有设备类型的库函数都天然具备了上位机通信功能并能自动地实现上述运行控制、参数设定、状态显示、报警记录，以及趋势数据记录功能之后，系统中每增加一套设备即增加一个实例，其相应的功能随之在上位机中增加一套配套的接口功能，这样的设计才真正称为模块化、标准化，才更具备高效率组态编程的可能。

当然，这要求 HMI 或者上位机软件系统功能足够强大，能够配合实现这些需要的功能。我们已经在部分配置中实现，而另外一些不能完全实现所有功能的 HMI 产品，那就只能有所退让，退后一步，用多一些的人工操作来弥补了。

标准化架构中 HMI 所属的位置如图 3-6 所示。

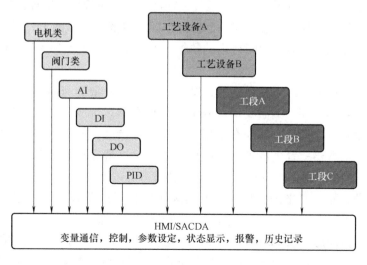

图 3-6　标准化架构中 HMI 所属的位置

3.9　PLC、HMI 产品的选型原则

理论上讲，设计工程师对 PLC、HMI 产品选型是有决定权的。所以，为了更方便地实现标准化架构，工程师有权力选择更合适的上下游产品，以提高设计效率，降低人力成本，提高效益。

然而，实际的情况是由于行业习惯的原因，或者市场因素、价格因素，很多工程项目在确定之前，PLC 的品牌型号都已经确定了，甚至明确地写在了合同中，那么留给工程师的余地就不多了。

所以，总会有一些迫不得已的情况，最终会影响到标准化的实施。然而，作为工程师，如果对所有产品型号实现标准化架构的难易程度提前有所了解，了解不同的选型方案之间效率的差异，并有足够的知识储备，那么就可以在后面的工作中，抓住一切自己有决定权的机会，尽量选择最适合的型号并加以实施，最终用工作成果来证明其价值。通过价值来向公司证明一些必要的成本投入会带来更高的效益。当然，如果实在不能自由选择，那么在已有选型条件下实现一定程度的标准化架构，也能够带来一定的收获。选择 PLC 的指标如下：

优选指标：带静态变量，能无限重复调用，生成实例，实例间有互不影响的子函数/功能块功能，如西门子：S7-1500，1200，S7-400，S7-300；AB：ControlLogix 1769、1756；CoDeSys 家族等各厂商各系列产品。

次选指标：带子函数功能块功能，可以实现树状程序结构，但不带静态变量，如 S7-200 SMART。

淘汰指标：不能带子函数，所有控制功能在一个主程序中实现，如 FX3U。

上述的分类，其实核心只有一个指标，即能带静态变量的 FB。静态变量的好处是可以记忆存储运行期间产生的数据，而不会因为主循环周期 OB1 多次调用而丢失数据。

程序功能块中有静态变量功能，则可以实现更复杂的跨周期运算，重要数据可以自我实现保存，不需要借助外部的数据存储区，所以可以实现完全独立性的应用库函数。另外，因为有专用静态变量存储区，所以对程序功能块的每一个调用，均需要配置生成独立的存储数据块，这就完全相当于面向对象的实例的概念，所以天然符合面向对象的设计理念。

对于没有静态变量的程序块，要实现实例化还需要人工处理划分数据区，虽然最终也可以实现，但因为是间接的，麻烦相对较多。

对于支持静态变量 FB 的 PLC 其实性能也有区分。区别是能否支持 FB 的嵌套调用，即是否允许一个 FB 的类型作为另一个 FB 的形参被其访问。这种访问的本质相当于高级编程语言中的地址指针，通过一个指针把前一个 FB 的所有数

据全部传入，可以对需要访问的数据直接访问。而在支持这种指针调用之前，想要实现类对象之间的串级访问，就只能通过原始的数据传递。不管是使用UDT（用户自定义数据类型）还是分开到多个数值都比较麻烦。

这些麻烦还体现在，在类的互相调用之前，必须事先把接口全部规划好。如果在设计调试过程中，发现规划有缺陷就需要增减接口，于是每一个接口都要手动改动，非常麻烦。西门子 PLC 系统在 S7-300 和 S7-400 的时代是不支持的。即使是 TIA Portal 系统，也是到 V15 之后才支持，所以我们进行整体标准化系统开发是从 V15 之后才开始的。

当我们在以标准化选择标准审查其他品牌的 PLC 系统时，发现大部分的品牌其实也都可以满足这个要求了。除了 CODESYS 家族的各品牌，倍福、施耐德、ABB 等全都支持 FB 作为实参调用之外，甚至 AB 的 RSLogix 系统早在十几年前的 V18 版本就已经支持了。

当然，各品牌 PLC 自身的使用便捷程度不同，开放性不同，使用中也各有特点，但基本应用实现标准化架构是确信无疑的。

前面所讲的内容可能有一些读者不能完全理解。这很正常，毕竟大部分自动化行业的从业人员并没有深刻的 IT 编程基础。所以许多在软件工程中非常浅显的理论拿到 PLC 行业来讲就不习惯，难以理解。许多新毕业的大学生，在学校里也学过编程，也了解面向对象，但因为学得不够透彻，只记住了一些晦涩难懂的词汇，并没有领悟其本质的思想。

与传统 PLC 编程方式不同的是在标准化的架构里，需要对计算机软硬件系统比较了解，尤其对 PLC 的运行机制和原理要有足够的了解，PLC 系统与普通的计算机以及单片机还不同，它通常有一个自动、不断地往复循环的主程序，所有应用程序直接运行在这个主程序架构下。对于这种运行机制，普通的 IT 程序员在没有接触过 PLC 编程的情况下，根本不能理解，所以好多编程习惯和处理方法是 PLC 独有的。

然而，不同的 PLC 品牌之间的特性还有些细节不同。通常是品牌商在开发PLC 软件平台时规定的不同的特殊语法。

这些技能掌握的程度也会影响 PLC 标准化编程的实现。尤其是 L2 层设备库函数的开发，需要许多库函数封装与集成方面的技巧，如果对底层运行机制了解得不够，开发时就会有较多困难，很多时候以自己的想法设计的程序实际运行的结果却大相径庭，因此在调试过程中会耽误很多时间，有时甚至都不能实现想要的功能。

作者之前针对 FB 的 INPUT、OUTPUT、INOUT、STATIC、TEMP 等各种类型的内部变量都发表过专门的文章进行分析探讨，这些都是基础知识，然而许多读者回复表示不能理解。可以看出他们的基础知识还是有所欠缺的。

　　我们这些文章针对的只是西门子系统，而对应到其他品牌还另有些细节的不同。我们根据这样的基础做出的标准化示范程序，移植到 AB、倍福系统时，就遇到了困难。原本在西门子系统中可行的方法，到了新环境就不支持了！最后还是做了些变通才实现。

　　大部分工程师在对标准化架构充分了解之后，可以给一些关键的模块封装定义 I/O 接口，以及描述逻辑需求，然后打包外包给更适合的人来完成。事实上，我们的标准化示范项目也不是完全自己做的，而是更多地采用了官方的或者他人现成的库函数。

3.10　标准化编程对程序员技能的要求

　　表 3-1 为标准化编程工作方法对工程师技能的需求。

表 3-1　工程师技能需求

序　号	技 能 内 容	难度系数（1～10）	重要程度（1～10）
1	基本的 Office 文档编辑处理	1	10
2	复杂的 Excel 公式设计使用	2	8
3	专业英语双向翻译	6	4
4	PLC 核心运行机制原理	6	4
5	相关自动化产品品牌选型应用	2	8
6	特定 PLC 型号的应用基础	1	10
7	特定 PLC 系统平台应用技能	2	8
8	图像处理和审美能力	8	2
9	AutoCAD 和 EPLAN 画图	4	6
10	行业生产工艺	9	1
11	生产工艺的自动化实现	1	10
12	特殊工艺功能（PID、图像识别等）	10	1
13	各种 PLC 专用图形化编程语言	2	8
14	类高级语言 SCL	6	4
15	计算机系统高级语言编程	8	2
16	工业系统通信协议	4	6
17	HMI 系统画面组态	2	8
18	SCADA 系统画面组态	2	8
19	SCADA 系统高级应用	6	4

表3-1中各项技能后面标注了难度系数和重要程度，只代表本书作者的认知，未必准确，各位读者可自行判断。

重要程度是指针对实现标准化架构以及提高效率的重要性，而不是满足岗位资质的重要性，两者概念上有重合，但不一样。

这里的难度系数是针对自动化工程师的，而不是针对普通人的。一些对普通人来说难度可能比较高的Office技能，在工程师眼里应该很简单，所以不能等同视之。而且因为属于通用知识，所以很容易通过网络学习得到。

从大部分的项目中可以看出，难度系数和重要程度基本成反比，难度系数大的项目，重要程度反而低，而重要程度高的项目，难度系数通常不大。

我们提出这些技能需求，并不是要求所有人都要具备所有这些技能之后，才可以动手做标准化设计。

标准化设计的基础是模块化，我们在上述提出的需求，其实从更大意义上讲是模块化。每个人定位自己目前的能力能做到的部分，暂时没有能力做到的或者将来能掌握的可能性也不大的项目可以拆分出来，独立成模块，然后去找内部或者外部资源支持。

当一个需求被提炼到足够清晰的模块化之后，就非常容易找到更低成本的外部资源支持。比如要对一张图片做背景透明处理，而自己并不会用PS软件，要学习相关技能还要花费较多的时间和精力，并且用到的机会也很少，那就不必花费更多的精力去自己掌握，完全可以在网络上找人帮忙做。

所有模块化的需求每一条看起来价值都很低，但整合在一起就实现了高价值。

假设一个全新的新手，所有的基础技能还没有掌握时，至少应拜对一位成熟的高手做老师，高手做复杂的工作，新手跟着做简单的工作，即高内聚、低耦合的耦合的部分工作。

跟着老师做项目的同时，自己一点点学习并逐渐累积能力，随着参与的工作内容越来越多，经过几个项目后，总有一天可以自己独立承担整个项目。

标准化、模块化最终必然带来专业化分工。根据每个人的特长形成一种机制，让每个人都能充分发挥其特长，那样的效率才是最高的。

比如，对于MODBUS通信，并不是每个工控工程师都有必要非常懂。大部分人可以将更多的精力集中于其所服务的行业。如果有人能够对通信部分提供完整的封装功能模块给他人使用，哪怕是收一些费用，对大部分工程师来说直接拿来用能实现最终的控制目标就足够了，没必要每个细节都达到专家级别的水平。

3.11 工艺设备的规划定义

各行业的自动化系统在进行标准化程序设计时，一个比较核心也是难度较大的问题就是如何划分工艺设备，或者有时候称作机器对象，在这里就是 L3/L4 设备。我们前面讲述了 L3 工艺设备是由基础的 L1/L2 设备组成的。然后许多 L3 设备串联或者并联一起，集合而成 L4 设备。

然而，如何划分每台 L3 设备，最重要的问题是如何界定它们之间的边界。经常有学员提出，整个生产线或者整个设备全是关联的，根本不存在清晰的边界，子设备之间总是有千丝万缕的联系。

其实分析工艺设备的边界，核心的问题只有两个：接口设备和公用设备。接口设备是指其中有一些承上启下的设备，处于交接边缘，不能确定应划分给哪边。公用设备则是指一台或者多台设备，同时属于两套相同或者相似的工艺设备。这个时候，大家就会比较疑虑，如果把公用设备分给了 A，则导致了 B 设备不完整，如果为了完整，A 和 B 一起都定义成一个大的工艺设备，但又太大，包含的设备太多。而且整个系统都这么处理将会发现设备之间总有牵连关系，最后只能整体组成一整个工艺设备。那就失去了工艺设备分层的意义，又回到过去传统的面向过程的方式了。

这里给出一个基本原则：接口设备和公用设备可以同时归属于多个工艺设备。

比如，有两个上下串联的反应釜，每个反应釜中各有搅拌、升温、温度检测、液位检测等基本设备，实现各自的工艺功能。两个反应釜之间用一个阀隔开。对于上反应釜来说，这个阀属于它的排空阀，用于工艺过程完成后排空。而对于下反应釜来说，这个阀又属于下反应釜的入口阀，用于接收物料。那么在进行工艺系统分析时，就完全可以把这个阀既分给上反应釜作排空阀，又分给下反应釜作入口阀。

然后在控制逻辑中，有可能只在上反应釜中操作其开和关，下反应釜的逻辑只读取状态。也有可能上部负责打开功能，下部负责关闭功能。这些都取决于具体的工艺逻辑需要，对划分工艺设备来说是完全自由的。

另外，也有一种可能，阀门只属于下反应釜，但整个下反应釜作为一个整体设备，属于上反应釜的一个控制部件。这种划分适用于上下之间信号沟通比较密集的情况，不仅仅是只有接口的阀的开关处理。当然，也可以倒过来。

对于公用设备也是一样。比如一台水泵，同时给两个反应釜补水，在逻辑上，水泵给 A、B 反应釜的补水是逻辑或的关系，任何一个需要补水时，水泵都开。两个系统都需要补水时，当然也是需要水泵开。这时需要把水泵同时作为两个系统的实参被调用并被控制。

将上述观点简化一下，即不需要界定区分接口设备或者公用设备，所有 L1/L2/L3/L4 设备都可以同时隶属于系统中的任意多个工艺设备。

比如，在食品行业的系统中，需要有在线清洗（CIP）的功能，有一些设备是 CIP 工艺的专用设备，还有更多设备是正常参与生产的，而在 CIP 工艺执行时，也需要参加 CIP 工艺。

然后，就不用管这些设备是什么性质，都可在生产工艺中调用、驱动它们。而在 CIP 工艺中也可同样根据需要调用、驱动它们。只需要对 CIP 状态和生产状态做简单互锁即可。这样，就可以在编制 CIP 工艺时，专心致志地处理 CIP 工艺相关的逻辑，而不需要在设计 CIP 程序的过程中每时每刻都去考虑生产工艺，反过来在设计生产工艺逻辑时，也不需要一直考虑 CIP 工艺的逻辑，甚至担心两套工艺互相干扰。

这种关系映射到现实生活中，就好比在一个公司的团队管理中通常用的矩阵管理模式，任何一个成员都会因其属性身兼多职，或者同时隶属于多个项目组。只要协调好就不会产生冲突，反而会各司其职，多个职能的工作同时做好。

比如，每个公司都有安全生产领导小组，除了专职领导之外，成员必定是由各部门的职员同时兼任的，然而职员并不会因为安全生产会议或者安全生产学习影响到各自的本职工作。

再比如，每个项目都会有资料管理员，但不可能为每个项目都配备专职的资料管理员，有可能由个别初级工程师兼任，也有可能一个资料管理员同时负责多个项目的资料管理和交接。

对设备的分区块管理也是一样的逻辑。

3.12　标准化编程的规则

这里我们约定一些标准化编程的规则建议。

这些规则一些是出于面向对象方法带来的必然结论，而有一些则是我们在实际项目实施过程中积累的经验，这些经验大多是出于效率或者便捷性的考虑。

所有规则未必完全正确，读者如果没有亲身实践，暂时不能完全理解，可以不遵守执行，并不会影响标准化设计方法的实施，当然也不会影响系统的设计结果。

当读者自己有足够多的积累后，相信会发现这些建议规则的合理性，或者能从中总结出更有特点的规则，指导各自的团队进行更高效的设计工作。欢迎反馈给我们。

1）所有外部 I/O 在程序中只允许出现一次调用。

因为所有 I/O 都属于设备，而且只能属于一台设备类型的一个实例，而一个设备的实例化只需要一次，所以必然得出一个 I/O 在程序中只出现一次的结论。

2）对 I/O 的调用只在 L1/L2 设备类型的实例化调用中。

对设备单元实例化的过程，本质上是在告诉计算机系统，这个设备使用了哪些 I/O。对于一个 L1/L2 设备，也必然因为有外部 I/O，才需要实例化。基本上不会存在没有物理 I/O 调用的 L1/L2 设备。

3）L3/L4 设备的实例化调用，不许有外部 I/O 做实参。

通常把 L1/L2 设备的实例化调用作为系统的手动部分，而 L3/L4 设备的实例化调用可以称作自动部分。

因为自动逻辑中通常用到的物理 I/O 就很少了，为了方便批量化生成程序，就不建议在自动逻辑的实例化调用中还用外部 I/O，即便特殊情况下，需要用到外部 I/O，也完全可以将其使用的 I/O 定义为 L1 设备对象，在自动工艺中只与其设备对象交互。

4）所有设备的实例化调用过程中不许有逻辑，包括最简单的取反逻辑。

同样为了方便实现批量化编程的效率，约定了这样的规则。此观点已经在前面的关于高内聚、低耦合的内容中有阐述。

5）程序中不许使用全局变量 M 和 T 作为辅助运算变量。

全局数据块也同样不可以。

这些都是最基本的底线常识了。即便不做此项规定，在标准化架构下也会发现根本用不到全局变量。按照上一条的约定，所有实例化中用不到全局变量，而在逻辑的 FB 中，如果使用了 M 或者 T 将导致这个块功能错误，不能重复使用到多个实例中。

而在 AB Control Logix 等系统中，AOI（即相当于 FB）的文件夹压根没在 CPU 中，所以根本不能使用 CPU 的全局变量。

6）所有需要的逻辑运算的处理在库函数中实现。

由前面的结论必然得出本条规则。

然而，在实际项目中这一条总难以完美实现。在后期调试中遇到一些临时要求时，会发现前期的接口部署有缺陷。如果要严格遵循规则，原本简单做个逻辑就可以实现的事，改动的地方就很多，所以实际大部分工程师都会选择不按规则简易处理。

我们知道了这里存在不完美，从而可以在以后相似的项目中，提前规划，逐渐改进，最终达到完美。

循序渐进地改进也是符合标准化设计思想的。

第4章

标准化系统设计流程

我们反复在强调标准化设计的目标是提高效率，降低劳动强度。因此不仅编程对整个自动化系统设计过程中涉及的所有工作任务，凡是有可能提高效率的方面都是我们所关心的。

本章在前一章提出的理论思想的基础上，进一步细化编程之前所有设计环节的具体工作。这里仍然不依赖于具体的 PLC 产品品牌和型号，是对所有 PLC 产品通用的基于标准化架构的设计方法。

4.1 设备类型的子类定义

我们在前一章提出了设备类型的概念，并将自动化设备的基础类型分为 6 个大类。同时指出，针对每一个具体的设备类型还会有具体的子类型，主要区分特征是所占用的物理 I/O 不同。所以，我们首先从设备类型的子类入手，看每种设备类型都有怎样的细分子类型，具体见表 4-1 ~ 表 4-6。

表 4-1　电机类一览表

	代号	说明		单台 DI	单台 DO	单台 AI	单台 AO	数量	DI 合计	DO 合计	AI 合计	AO 合计
A	NM	NORMAL MOTOR 普通电机	ON + OFF									
			热继电器	1								
			接触器		1							
			指示灯									
	NM02	NORMAL MOTOR 普通电机	ON + OFF	2								
			热继电器	1								
			接触器		1							
			指示灯		1							

（续）

	代号	说明		单台 DI	单台 DO	单台 AI	单台 AO	数量	DI 合计	DO 合计	AI 合计	AO 合计
A	NM03	NORMAL MOTOR 普通电机	ON + OFF	2								
			热继电器	1								
			接触器		1							
			指示灯									
	NM04	NORMAL MOTOR 普通电机	ON + OFF	2								
			热继电器	1								
			接触器		1							
			指示灯		1							
B	NM20	NORMAL MOTOR 普通电机动力柜	备妥	1								
			运行反馈	1								
			故障									
			驱动		1							
	NM21	NORMAL MOTOR 普通电机动力柜	备妥	1								
			运行反馈	1								
			故障	1								
			驱动		1							
	NM22	NORMAL MOTOR 普通电机动力柜	备妥	1								
			运行反馈	1								
			故障									
			驱动		2							
	NM23	部分变频器、收尘器电机动力柜	备妥	1								
			运行反馈	1								
			故障	1								
			驱动		2							
	NM24	皮带机、提升机	备妥	1								
			运行反馈	1								
			故障									
			驱动		1							
			料位、跑偏、拉绳	3								
	NM25	电液推杆	备妥	1								
			运行反馈	2								
			故障	1								
			驱动		2							
			位置反馈	2								

（续）

代号		说明		单台 DI	单台 DO	单台 AI	单台 AO	数量	DI 合计	DO 合计	AI 合计	AO 合计
C	Heater	电加热	温度开关	1								
			接触器		1							
	XSM	星-三角起动电机	ON + OFF									
			热继电器	1								
			接触器		3							
			指示灯									
	HM	变频器控制热混电机	ON + OFF									
			热继电器、故障、PTC	3								
			接触器		1							
			使能		1							
			恒速控制		2							
			指示灯									
	HM2	热混电机（软起动器）	ON + OFF									
			热继电器、故障	2								
			接触器		2							
			使能		1							
			恒速控制									
			指示灯									
	HM3	减压起动控制热混电机	ON + OFF									
			热继电器/故障	3								
			接触器		3							
			使能									
			恒速控制									
			指示灯									
	DFM	FREQUENCY MOTOR 单速控制单个变频电机	ON + OFF									
			故障	1								
			接触器		1							
			使能		1							
			恒速控制									
			指示灯									

(续)

代号		说明		单台 DI	单台 DO	单台 AI	单台 AO	数量	DI 合计	DO 合计	AI 合计	AO 合计
C	2DMFM	FREQUENCY MOTOR 2个电机单速共用变频控制电机	ON + OFF									
			故障	1								
			接触器		3							
			使能		1							
			恒速控制									
			指示灯									
	3DMFM	FREQUENCY MOTOR 3个电机单速共用变频控制电机	ON + OFF									
			故障	1								
			接触器		4							
			使能		1							
			恒速控制									
			指示灯									
	SFM	FREQUENCY MOTOR 多段速度控制单个变频电机	ON + OFF									
			故障	1								
			接触器		1							
			使能		1							
			恒速控制		2							
			指示灯									
	FM2	1 变频带 2 电机	ON + OFF									
			故障	1								
			接触器		3							
			使能		1							
			恒速控制		2							
			指示灯									
	FM3	1 变频带 3 电机	ON + OFF									
			故障	1								
			接触器		4							
			使能		1							
			恒速控制		2							
			指示灯									
	FM4	1 变频带 4 电机	ON + OFF									
			故障	1								
			接触器		5							
			使能		1							
			恒速控制		2							
			指示灯									

（续）

代号	代号	说明		单台 DI	单台 DO	单台 AI	单台 AO	数量	DI 合计	DO 合计	AI 合计	AO 合计
C	FM5	1 变频带 5 电机	ON + OFF									
			故障	1								
			接触器		6							
			使能		1							
			恒速控制		2							
			指示灯									
	FM6	1 变频带 6 电机	ON + OFF									
			故障	1								
			接触器		7							
			使能		1							
			恒速控制		2							
			指示灯									

注：1）表格中每一个子类，都列出了需要的 DI/DO/AI/AO 的数量，便于在设计统计时对照确认。

2）对于不同行业，用到的设备类型会比这里列出的更多，所以这里只是列出了其中的一部分，远远不能代表所有类型。读者使用时还需要根据实际情况进行增减。当然，没有人能同时兼具所有行业，所以每位读者根据自己当前从事的行业，整理常用的类型即可。即便不完全也可以逐渐增加完善。

3）除了每台单台需要的 I/O 数量，后面还做了统计，当填入每个类型设备的数量之后，就会自动统计出所需要的总数，然后在包括电机类型之外的所有设备都统计完成后，可以自动得出一个控制系统需要的点数，便于进行 PLC 的选型和卡件的数量选型。

4）针对不同的行业常见的应用，表格中总结归类为 A、B、C 三类，然而并不能代表全部可能的类型。

5）其中 A 类为控制柜内直接控制的电机接触器，所以如果有 ON/OFF 手动操作和指示灯，也占用了 PLC 的 I/O 通道。

6）B 类则是电机通常配有专用的动力柜，动力柜中有继电器逻辑线路可以实现对设备的就地起停，然后当切换到远程操作模式时，才可以被 PLC 控制，因而 PLC 多了一个备妥输入信号。

7）系统中外购的专用设备，通常也以 B 类设备的形态出现在系统中，取决于设备的运行需要，有不带故障信号反馈的，也有带故障信号反馈的。

8）C 类电机设备是一些比较复杂的应用类型，是总结归纳少数几个行业后得出的。而实际应用中还会有更多类似的情形，读者可在参考本表基础上自行归纳总结储备。

9）注意到给每个类型都有一个简单的编号，这些编号将来可生成位号表的前缀部分，从此以后会进入到 PLC 符号表及程序以及上位机系统中。每个公司可根据自己的应用习惯自行约定，这里不做强制规范。

10）虽然预留了 AI 和 AO 的列，但所列出的电机设备类型中并未使用模拟量通道。而在实际应用中，如变频器的应用，很多需要模拟量的采集，所以必然会用到模拟量通道。

11）如果只是个别电机采集了模拟量数据，也可以不单独作为设备类型，而是仍旧作为 AI 数据单独采集。

12）通过通信控制的变频器越来越多，这会是一大类特殊的设备类型，本章未提及，在后面章节会涉及。

13）再次强调，这里的分类只是为设计过程统计元器件和统计点数，不代表 PLC 程序中会有这么多库的类型。实际应用中，多个子类型的设备可以共用一个库函数类型和模板。

表 4-2　阀类一览表

代号		说明		单台 DI	单台 DO	单台 AI	单台 AO	数量	DI 合计	DO 合计	AI 合计	AO 合计
A	SFV11	双电控阀	阀开关位到位检测	2								
			驱动		2							
			指示灯									
	DFV11	开关阀	阀开关位到位检测	2								
			驱动		1							
			指示灯									
	DFV12	开关阀	阀开关位到位检测	2								
			驱动		1							
			指示灯		1							
	RV11	调节阀	位置反馈			1						
			给定				1					
			自动状态	1								
	RV13	三阀位调节阀	阀开关位到位检测	2								
			阀开关		2							
B	DFV11	开关阀	阀开关位到位检测	2								
			驱动		1							
			指示灯									
			自动状态	1								
	RV11	调节阀	阀门位置反馈			1						
			位置给定				1					
			自动状态									
	RV13	三阀位调节阀	阀开关位到位检测	2								
			阀开关		2							
			指示灯									
			自动状态	1								

36

（续）

	代号	说明		单台 DI	单台 DO	单台 AI	单台 AO	数量	DI 合计	DO 合计	AI 合计	AO 合计
C	ZCV	振仓阀	驱动	1								
	PSV1	1-PULSE VALVE	驱动		1							
	PSV2	2-PULSE VALVE	驱动		2							
	PSV3	3-PULSE VALVE	驱动		3							
	PSV4	4-PULSE VALVE	驱动		4							
	PSV5	5-PULSE VALVE	驱动		5							
	PSV6	6-PULSE VALVE	驱动		6							
	PSV7	7-PULSE VALVE	驱动		7							
	PSV8	8-PULSE VALVE	驱动		8							

注：1）与电机类型一样，阀门类型也因行业的不同有多种子类型，这里也只列出了其中一部分，远远不能代表所有类型。读者使用时还需根据实际情况进行增减。

2）也同样有控制系统集中控制和就地控制箱两大类型。

3）有模拟量的通道。

4）用于除尘等行业的一组脉冲阀 PSV，不需要位置反馈，数量各不同，控制中每个阀轮动，实现除尘等特定功能，所以可以作为一组集成设备使用。

5）脉冲阀 PSV 可以是一维的，即单个阀可以分类为脉冲阀。而脉冲阀的间歇时间如果可以设置为 0，那阀在开启时间就是常开。所以也可以把某些简单控制的阀定义为一维的脉冲阀。

表4-3　AI 类型表

代号	说明	单台 DI	单台 DO	单台 AI	单台 AO	数量	DI 合计	DO 合计	AI 合计	AO 合计
AI	模拟量			1						
RTD	热电偶/热电阻			1						

注：通常，大部分的测量物理量值都会规范为 4~20mA 信号，或者电压信号，送给模拟量卡件。但在温度测点非常多的场合，会使用专用的热电偶或热电阻卡件，除了卡件类型不同之外，PLC 中的处理算法也不同，所以需要细分单列。

表 4-4　AO 类型表

代号	说明	单台 DI	单台 DO	单台 AI	单台 AO	数量	DI 合计	DO 合计	AI 合计	AO 合计
AO	模拟量 输出				1					

注：AO 功能用于把浮点数的物理量设定值规范化后进行数模转换，转化为 4~20mA 信号或者电压信号。设备库定义中包含了上下限的转换范围。

表 4-5　DI 类型表

代号	说明	单台 DI	单台 DO	单台 AI	单台 AO	数量	DI 合计	DO 合计	AI 合计	AO 合计
LW	料位计	1								
SQ	光电检测	1								
SQ	电接点压力表	1								
SQ	行程开关	1								

注：1. 所有单个 DI 的处理，性质大多类似，最多加一个防抖动的延时处理。
　　2. 给予分配不同的代号，有时候只是为了分类而已。

表 4-6　DO 类型表

代号	说明	单台 DI	单台 DO	单台 AI	单台 AO	数量	DI 合计	DO 合计	AI 合计	AO 合计
HA	报警灯		1							

注：1. 简单 DO 类型中最常见的是报警指示灯，如前文所述。
　　2. 对于一些驱动简单设备的 DO，可以考虑采用阀类的一维 PSV，前文也有描述。
　　3. 简单处理，甚至把报警灯分类为 PSV 也是可以的。

　　由此，所有设备类型都整理完成之后，就可以针对一个工程项目快速进行点数统计了。

　　点数统计的基础来自每种设备的数量。点数统计完成之后，可以根据点数规模，同时根据系统的复杂程度和所需要的计算量，选择合适的满足功能需求的 PLC 型号选型、卡件数量，以及上位机计算机系统、低压电气元件、变频器、电源、柜体等所有选型，然后就可以进行初步的成本估算，其中供货周期长的外购件可以进行下单采购了。

4.2　PLC 标准化设计从位号表开始

　　4.1 节把自动化系统中的所有设备类型都分析清楚了，而且明确系统中所有用到的电气通道 I/O 点都要属于设备。那么每一台设备实例都需要有一个系统唯一的标识，这就是位号。

位号通常由两部分组成，即固定类型标识和序列数。类型标识即为 4.1 节中列出的设备类型的代号，而序列数则为 3 ~ 5 位不等的连续或不连续的数字，连续性不重要，最重要的是唯一性，同类型的设备的序列数不能重复。比如有 5 台同类型的电机 NM02，那么，其位号可以分别为 NM02-0001，NM02-0002，NM02-0003，NM02-0004，NM02-0005。

然而，对位号序号的排列规范，也可以人为定义，即不必严格从 1 开始顺序累加。比如，可以根据生产线的规模进行分区，如有 9 个区，其千位可以分别为 1 ~ 9。如果上述的 5 台设备分别处在系统的 1、3、5、7 区，那么它们的位号可能是 NM02-1001，NM02-3001，NM02-5001，NM02-7001，NM02-7002。

根据工艺位置精心排布的位号，可以呈现出一种非常有规律的序号分布，比如，相同部位的各种类型的设备有可能其序号部分是相同的，如 NM02-1001，DFV-1001，LW-1001，AI-1001，SQ-1001，LW-1001。

而这些相近的设备，通常逻辑上的相互关系也比较紧密。通常会属于同一套 L3/L4 工艺设备，因而在对它们进行编程时，因为序号比较有规律性，程序编写就会比较快捷，因此，出错概率会大大降低。

位号来自于工艺图。我们的标准化设计方法暂时不涉及机械设备和工艺的设计，所以工艺图是自动化系统和机械以及工艺专业的最前端的交接界面。

最理想的情况是，工艺专业提供的工艺图已经包含了完备的位号表，其中的每一个电气设备，都按照其类型和位置精确分配好了位号。然后，电气专业拿到工艺图后，把上面的所有位号表导出，分类统计汇总，得出每个类型设备的数量，填入 4.1 节的设备类型表中，就得到了 I/O 统计信息和低压元器件的统计汇总信息，然后就可以下单采购及进行下一步的电气图样设计和程序设计。

然而，通常情况下，大部分公司、大部分行业都达不到这种理想的程度。

专业是有壁垒的。很难有一个人，除了做自己的专业，同时还对其他专业非常了解。比如同样都是电机，要求工艺工程师在设计工艺时已经非常清楚地知道，一台电机是普通接触器直接起动，还是星-三角起动，或是软起动器起动，或是变频器驱动。如果这套系统是第一次设计，基本不可能。

所以，这些在电气专业是不同类型的设备，而在机械专业，不会帮我们细分出这种区别。而且，很多情况下对于一个全新的系统设计，连电气专业工程师都还要针对实际情况，设计过程中都有可能临时决定所采用的设备类型。所以，比较现实的做法是，电气专业拿到工艺图和设计任务后，完全按自己的定义规范，重新给所有相关的电气设备逐个定义位号。

当然，如果与机械、工艺专业沟通配合得好的公司，可以通过多次的配合，把设计结果通报给对方，这样持续改进，在以后的项目中，也是有可能逐渐实现前面说的最理想的状态。

在对工艺图进行加注设备位号时，最好将位号文字放在一个单独的层中，这样方便最后筛选导出所有文字列表。

对于 AutoCAD，实现导出文字列表功能比较困难。然而有一些国产的第三方 CAD 看图软件可以提供这样的功能。比如迅捷 CAD 编辑器（http://www.xunjiecad.com/），只需要花费几十元，就可以得到终身使用授权，还是比较方便的。

4.3　生成符号表

符号表，即 PLC 的每一个 I/O 通道所对应的功能意义，通常包括符号名、通道地址（与卡件编号以及通道号对应的物理地址）、注释等。

比较重要的是通道地址。对于西门子等传统 PLC 来说，会是 I0.0、Q0.0、IW256、QW512 等以绝对数字代表的绝对地址。而对 AB、倍福等 PLC，很多使用者会强调它们没有绝对地址。其实，它们当然也有绝对地址，至少要指定给系统，标识一个通道所对应的卡件的槽号、通道号等。只是往往这种地址描述太长，没有简化到类似 0.0 的绝对地址而已。

我们的处理方法是，无论将使用什么 PLC 品牌及型号，在设计阶段，我们统一规划所有的 DI 卡件，按照离 CPU 的距离由近及远的顺序，定义其名称为 DI01、DI02、DI03 等。如果 CPU 主机带 I/O，则使用编号 00。而卡件上的通道，则分别为 DI01_00、DI01_01、DI01_02、DI01_03、DI01_04、DI01_05、DI01_06、DI01_07、DI01_10、DI01_11、DI01_12、DI01_13、DI01_14、DI01_15、DI01_16、DI01_17。

这是常用的 16 通道卡件的情况，如果是 32 通道卡件，则同样使用 DI01_2X、DI01_3X 的区域。同理，对数字量输出、模拟量输入、模拟量输出等，则分别标识为 DQ、AI、AQ。

由此，PLC 的符号表中体现这个通道信息，电气图样中使用的通道也使用这个地址格式。必要时，为了打印清楚，可以把中间的分隔符由下划线整体替换为减号 - 或者冒号：。

一直以来，本行业的设计者在图样设计阶段就非常在意 PLC 中的地址定义规范，尤其在 S5 和 S7 的时代，往往第一个卡件地址是 0.X，而第二个卡件地址是4.X，这样的跳跃规则都要体现在图样中，以使其与程序完全对应，但这是没有意义也不方便调试对点的。比如，要直接看卡件的LED，看看I13.5是否接通，还需要经过计算，算出来是在第几个卡件，第几个通道。这种效率太低了。而且，如果工艺配置完全一样的两个项目，上一个项目使用的是西门子PLC，下一个项目换成了施耐德或者AB，然后需要逐页图样去修改通道地址，那效率就更低了。

而我们约定直接卡件序号+通道号的方式，不管调试，还是修改图样，都非常方便。在上述的要更换PLC型号的示例中，也只需要改一下CPU页的主机名称和订货号就完成了，几乎不需要有工作量。

然后是符号名的定义规范，我们推荐以位号+通道功能的模式。比如一台电机NM02-1001，我们翻阅这个设备子类型，它所需要使用的PLC通道见表4-7。

表4-7　电机类NM02

功　能	DI	DO
起动按钮	1	
停止按钮	1	
热继电器	1	
接触器		1
指示灯		1

我们按照英文，可以分别取名为ON、OFF、FAULT、Q、LAMP，则这些通道的符号名见表4-8。

表4-8　NM02符号表

NM02-1001：ON	DI
NM02-1001：OFF	DI
NM02-1001：FAULT	DI
NM02-1001：Q	DQ
NM02-1001：LAMP	DQ

通常，我们认为，对于这种数量有限的英文单词，即便英语不够好的工程师，也应该可以够用了。如果真的有工程师特别不习惯英文，坚持要使用中文，只要编程语言和绘图软件支持，也未尝不可，并不影响标准化设计的架构。

这里，位号与功能之间的分隔符使用了冒号（:），而如果编程软件语法不支持，则需要换其他的符号。

例如，我们现在有 5 台 NM02 和 5 台 DFV12（单电控双反馈的阀门）的小系统，演示做一个完整的符号表，下面把这个过程完整展示。

首先是位号表，见表 4-9。

表 4-9　位号表

序　号	位　号	注　释
1	NM02-1001	通风机 5.5kW
2	NM02-3001	搅拌电机 5.5kW
3	NM02-5001	循环泵 7.5kW
4	NM02-7001	补水泵 2kW
5	NM02-7002	真空泵 13kW
6	DFV12-1001	气动阀
7	DFV12-3001	气动阀
8	DFV12-5001	气动阀
9	DFV12-7001	气动阀
10	DFV12-7002	气动阀

模仿实际工程，我们增加了注释列，注释内容可以来自工艺图的导出文字，也可以手工整理输入。同时，我们也可以看出，文字的力量其实是有限度的，如有一些阀门设备单纯用文字很难准确表达其系统功能，要实现其命名规律统一，而且最终名字要确保唯一性、无重复、无歧义，还是很难的。所以还是要尽量习惯使用位号来标识每个设备。

经过在 Excel 中的操作，我们得到了全部的符号表，见表 4-10。

表 4-10　全部符号表

序　号	符　号　名	通道地址	注　释
1	NM02-1001：FAULT	DI01_00	通风机 5.5kW
2	NM02-1001：LAMP	DQ01_00	通风机 5.5kW
3	NM02-1001：OFF	DI01_01	通风机 5.5kW
4	NM02-1001：ON	DI01_02	通风机 5.5kW
5	NM02-1001：Q	DQ01_01	通风机 5.5kW
6	NM02-3001：FAULT	DI01_03	搅拌电机 5.5kW
7	NM02-3001：LAMP	DQ01_02	搅拌电机 5.5kW

（续）

序　号	符　号　名	通道地址	注　释
8	NM02-3001：OFF	DI01_04	搅拌电机5.5kW
9	NM02-3001：ON	DI01_05	搅拌电机5.5kW
10	NM02-3001：Q	DQ01_03	搅拌电机5.5kW
11	NM02-5001：FAULT	DI01_06	循环泵7.5kW
12	NM02-5001：LAMP	DQ01_04	循环泵7.5kW
13	NM02-5001：OFF	DI01_07	循环泵7.5kW
14	NM02-5001：ON	DI01_10	循环泵7.5kW
15	NM02-5001：Q	DQ01_05	循环泵7.5kW
16	NM02-7001：FAULT	DI01_11	补水泵2kW
17	NM02-7001：LAMP	DQ01_06	补水泵2kW
18	NM02-7001：OFF	DI01_12	补水泵2kW
19	NM02-7001：ON	DI01_13	补水泵2kW
20	NM02-7001：Q	DQ01_07	补水泵2kW
21	NM02-7002：FAULT	DI01_14	真空泵13kW
22	NM02-7002：LAMP	DQ01_10	真空泵13kW
23	NM02-7002：OFF	DI01_15	真空泵13kW
24	NM02-7002：ON	DI01_16	真空泵13kW
25	NM02-7002：Q	DQ01_11	真空泵13kW
26	DFV12-1001：CLS	DI01_17	气动阀
27	DFV12-1001：LAMP	DQ01_12	气动阀
28	DFV12-1001：OPN	DI02_00	气动阀
29	DFV12-1001：Q	DQ01_13	气动阀
30	DFV12-3001：CLS	DI02_01	气动阀
31	DFV12-3001：LAMP	DQ01_14	气动阀
32	DFV12-3001：OPN	DI02_02	气动阀
33	DFV12-3001：Q	DQ01_15	气动阀
34	DFV12-5001：CLS	DI02_03	气动阀
35	DFV12-5001：LAMP	DQ01_16	气动阀
36	DFV12-5001：OPN	DI02_04	气动阀
37	DFV12-5001：Q	DQ01_17	气动阀
38	DFV12-7001：CLS	DI02_05	气动阀
39	DFV12-7001：LAMP	DQ02_00	气动阀

（续）

序 号	符 号 名	通道地址	注 释
40	DFV12-7001：OPN	DI02_06	气动阀
41	DFV12-7001：Q	DQ02_01	气动阀
42	DFV12-7002：CLS	DI02_07	气动阀
43	DFV12-7002：LAMP	DQ02_02	气动阀
44	DFV12-7002：OPN	DI02_10	气动阀
45	DFV12-7002：Q	DQ02_03	气动阀

Excel 中的操作包括多重复制、粘贴、公式、排序等各种复杂操作，验证了前一章讲到的，需要有丰富的 Excel 操作技能。读者不妨也模仿实现一下这个过程，了解其中的提高处理速度的诀窍。

序号列在处理过程中非常重要，可以在多次排序之后保证不错乱。同时，也看到，对于所有信号的注释，我们都只是复制了设备描述，对具体通道的描述并没有增加进来。如果愿意，当然可以随手添加，然而，我们认为并没有多大必要。毕竟，前面的符号名已经说明得够清楚了。

这个全符号表，是以原始设备位号顺序排列的，然而，并不能直接用于工程设计，还需要进行进一步的处理。而且，用于电气图样和程序的符号表还有不同，需要分别给出。电气图样用到的符号表，内容部分其实只能有通道地址和注释两列。所以，应当以通道地址排序，且符号与注释合并，见表 4-11。

表 4-11　符号表（图样）

序 号	通道地址	注 释
1	DI01_00	NM02-1001：FAULT//通风机 5.5kW
2	DI01_01	NM02-1001：OFF//通风机 5.5kW
3	DI01_02	NM02-1001：ON//通风机 5.5kW
4	DI01_03	NM02-3001：FAULT//搅拌电机 5.5kW
5	DI01_04	NM02-3001：OFF//搅拌电机 5.5kW
6	DI01_05	NM02-3001：ON//搅拌电机 5.5kW
7	DI01_06	NM02-5001：FAULT//循环泵 7.5kW
8	DI01_07	NM02-5001：OFF//循环泵 7.5kW
9	DI01_10	NM02-5001：ON//循环泵 7.5kW
10	DI01_11	NM02-7001：FAULT//补水泵 2kW
11	DI01_12	NM02-7001：OFF//补水泵 2kW
12	DI01_13	NM02-7001：ON//补水泵 2kW

（续）

序　　号	通道地址	注　　释
13	DI01_14	NM02-7002：FAULT//真空泵13kW
14	DI01_15	NM02-7002：OFF//真空泵13kW
15	DI01_16	NM02-7002：ON//真空泵13kW
16	DI01_17	DFV12-1001：CLS//气动阀
17	DI02_00	DFV12-1001：OPN//气动阀
18	DI02_01	DFV12-3001：CLS//气动阀
19	DI02_02	DFV12-3001：OPN//气动阀
20	DI02_03	DFV12-5001：CLS//气动阀
21	DI02_04	DFV12-5001：OPN//气动阀
22	DI02_05	DFV12-7001：CLS//气动阀
23	DI02_06	DFV12-7001：OPN//气动阀
24	DI02_07	DFV12-7002：CLS//气动阀
25	DI02_10	DFV12-7002：OPN//气动阀
26	DQ01_00	NM02-1001：LAMP//通风机5.5kW
27	DQ01_01	NM02-1001：Q//通风机5.5kW
28	DQ01_02	NM02-3001：LAMP//搅拌电机5.5kW
29	DQ01_03	NM02-3001：Q//搅拌电机5.5kW
30	DQ01_04	NM02-5001：LAMP//循环泵7.5kW
31	DQ01_05	NM02-5001：Q//循环泵7.5kW
32	DQ01_06	NM02-7001：LAMP//补水泵2kW
33	DQ01_07	NM02-7001：Q//补水泵2kW
34	DQ01_10	NM02-7002：LAMP//真空泵13kW
35	DQ01_11	NM02-7002：Q//真空泵13kW
36	DQ01_12	DFV12-1001：LAMP//气动阀
37	DQ01_13	DFV12-1001：Q//气动阀
38	DQ01_14	DFV12-3001：LAMP//气动阀
39	DQ01_15	DFV12-3001：Q//气动阀
40	DQ01_16	DFV12-5001：LAMP//气动阀
41	DQ01_17	DFV12-5001：Q//气动阀
42	DQ02_00	DFV12-7001：LAMP//气动阀
43	DQ02_01	DFV12-7001：Q//气动阀
44	DQ02_02	DFV12-7002：LAMP//气动阀
45	DQ02_03	DFV12-7002：Q//气动阀

然而，在程序中所用到的符号表又会是另外一种格式。

我们定义的通道地址命名方式，PLC 里并不认可，只是我们用于与图样对照的标识，所以它们应该换位到注释中。而每一个变量的符号名，我们希望是以位号信息为索引的，便于在程序中使用。所以，交换之后的格式见表 4-12。

表 4-12 符号表（程序）

序　号	符　号　名	绝对地址	注　释
1	NM02-1001：FAULT		DI01_00//通风机 5.5kW
2	NM02-1001：OFF		DI01_01//通风机 5.5kW
3	NM02-1001：ON		DI01_02//通风机 5.5kW
4	NM02-3001：FAULT		DI01_03//搅拌电机 5.5kW
5	NM02-3001：OFF		DI01_04//搅拌电机 5.5kW
6	NM02-3001：ON		DI01_05//搅拌电机 5.5kW
7	NM02-5001：FAULT		DI01_06//循环泵 7.5kW
8	NM02-5001：OFF		DI01_07//循环泵 7.5kW
9	NM02-5001：ON		DI01_10//循环泵 7.5kW
10	NM02-7001：FAULT		DI01_11//补水泵 2kW
11	NM02-7001：OFF		DI01_12//补水泵 2kW
12	NM02-7001：ON		DI01_13//补水泵 2kW
13	NM02-7002：FAULT		DI01_14//真空泵 13kW
14	NM02-7002：OFF		DI01_15//真空泵 13kW
15	NM02-7002：ON		DI01_16//真空泵 13kW
16	DFV12-1001：CLS		DI01_17//气动阀
17	DFV12-1001：OPN		DI02_00//气动阀
18	DFV12-3001：CLS		DI02_01//气动阀
19	DFV12-3001：OPN		DI02_02//气动阀
20	DFV12-5001：CLS		DI02_03//气动阀
21	DFV12-5001：OPN		DI02_04//气动阀
22	DFV12-7001：CLS		DI02_05//气动阀
23	DFV12-7001：OPN		DI02_06//气动阀
24	DFV12-7002：CLS		DI02_07//气动阀
25	DFV12-7002：OPN		DI02_10//气动阀
26	NM02-1001：LAMP		DQ01_00//通风机 5.5kW
27	NM02-1001：Q		DQ01_01//通风机 5.5kW
28	NM02-3001：LAMP		DQ01_02//搅拌电机 5.5kW
29	NM02-3001：Q		DQ01_03//搅拌电机 5.5kW
30	NM02-5001：LAMP		DQ01_04//循环泵 7.5kW
31	NM02-5001：Q		DQ01_05//循环泵 7.5kW
32	NM02-7001：LAMP		DQ01_06//补水泵 2kW
33	NM02-7001：Q		DQ01_07//补水泵 2kW

（续）

序　号	符　号　名	绝对地址	注　释
34	NM02-7002：LAMP		DQ01_10//真空泵13kW
35	NM02-7002：Q		DQ01_11//真空泵13kW
36	DFV12-1001：LAMP		DQ01_12//气动阀
37	DFV12-1001：Q		DQ01_13//气动阀
38	DFV12-3001：LAMP		DQ01_14//气动阀
39	DFV12-3001：Q		DQ01_15//气动阀
40	DFV12-5001：LAMP		DQ01_16//气动阀
41	DFV12-5001：Q		DQ01_17//气动阀
42	DFV12-7001：LAMP		DQ02_00//气动阀
43	DFV12-7001：Q		DQ02_01//气动阀
44	DFV12-7002：LAMP		DQ02_02//气动阀
45	DFV12-7002：Q		DQ02_03//气动阀

程序用的符号表同样是按照物理通道的顺序排列的，然而其绝对地址，我们暂时留空，留待真正的PLC程序编程时，再根据硬件组态得到的实际信息填入（如果需要）。

4.4　自动生成符号表

4.3节演示生成了三张符号表、分别为全符号表、符号表（图样）、符号表（程序）。这些操作只要有基本的Excel应用基础都可以完成。如果技能足够熟练，花费时间可以相对缩短。

然而，我们认为还有可以继续提升效率的空间。毕竟，这是一种繁琐的并不需要智慧的简单工作，从开始编辑时，就已经知道了设计结果。所以，一定可以通过程序方法来自动实现。

为此，我们总结实际设计工作中的经验，提炼出"自动生成符号表需求"，发外包找专人代为实现。这里把需求全文附上，有兴趣的读者可以尝试按照需求自行实现，或者参考后也找外包代为实现。

当然，如果认为这一块的效率损失不重要，仍然按4.3节的方法手工实现，也同样可以满足标准化设计方法。

自动生成符号表需求

1）在位号表中列出一个项目的所有设备列表和类型，见表4-13。

表 4-13　需求表 1

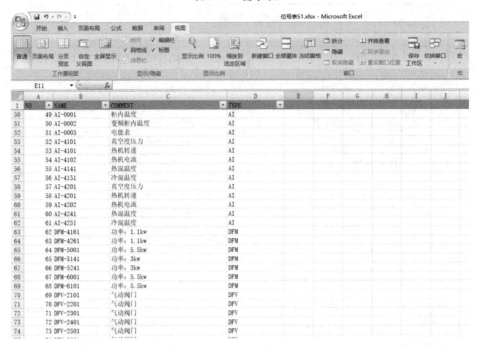

2）在 DEF1500 文件的 TYPE 表中，列出每个设备类型所含有的引脚名称，以及所对应的数据类型 DI/DQ/AI 等，见表 4-14。

表 4-14　需求表 2

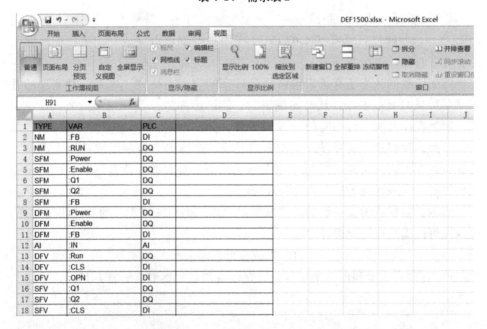

3）在 DEF1500 文件的另外的表 DI/DQ 等列出预先定义的模块地址，见表 4-15 和表 4-16。

表 4-15 需求表 3

	A	B	C	D
1	PLC	ADDRESS		
2	DI	DI01_00		
3	DI	DI01_01		
4	DI	DI01_02		
5	DI	DI01_03		
6	DI	DI01_04		
7	DI	DI01_05		
8	DI	DI01_06		
9	DI	DI01_07		
10	DI	DI01_10		
11	DI	DI01_11		
12	DI	DI01_12		
13	DI	DI01_13		
14	DI	DI01_14		
15	DI	DI01_15		
16	DI	DI01_16		
17	DI	DI01_17		
18	DI	DI02_00		
19	DI	DI02_01		
20	DI	DI02_02		
21	DI	DI02_03		
22	DI	DI02_04		
23	DI	DI02_05		

表 4-16 需求表 4

	A	B	C	D
1	PLC	ADDRESS		
2	DQ	DQ01_00		
3	DQ	DQ01_01		
4	DQ	DQ01_02		
5	DQ	DQ01_03		
6	DQ	DQ01_04		
7	DQ	DQ01_05		
8	DQ	DQ01_06		
9	DQ	DQ01_07		
10	DQ	DQ01_10		
11	DQ	DQ01_11		
12	DQ	DQ01_12		
13	DQ	DQ01_13		
14	DQ	DQ01_14		
15	DQ	DQ01_15		
16	DQ	DQ01_16		
17	DQ	DQ01_17		
18	DQ	DQ02_00		
19	DQ	DQ02_01		
20	DQ	DQ02_02		
21	DQ	DQ02_03		
22	DQ	DQ02_04		
23	DQ	DQ02_05		
24	DQ	DQ02_06		

目前 AI 地址少，没有自动建立。但将来除了 AI，还有可能有别的地址类型。

4）根据表 4-13 ～ 表 4-16，自动查询位号表里的每一个设备需要的引脚，生成符号表，并根据其数据类型，按顺序分配相应的地址 ADDRESS。顺序的主次优先级分别是 ID，TYPE，VAR……

5）通过脚本程序自动生成符号表中的三个表，分别为点表列表、符号表（图样）和符号表（程序），见表 4-17 ～ 表 4-19。表中有隐藏列。

表 4-17 点表列表

	NO	NAME	COMMENT		TYPE	VAR		PLC	列1	
11	58	AI-4201	热机转速		AI	:IN		AI	AI02_01	
12	59	AI-4202	热机电流		AI	:IN		AI	AI02_02	
13	60	AI-4241	热混温度		AI	:IN		AI	AI02_03	
14	61	AI-4251	冷混温度		AI	:IN		AI	AI02_04	
15									AI02_05	
16									AI02_06	
17									AI02_07	
18	26	SQ-0001	急停		SQ	:FB		DI	DI01_00	
19	27	SQ-0002	复位		SQ	:FB		DI	DI01_01	
20	28	SQ-1101	2x光电开关		SQ	:FB		DI	DI01_02	
21	29	SQ-1201	2x光电开关		SQ	:FB		DI	DI01_03	
22	30	SQ-1301	2x光电开关		SQ	:FB		DI	DI01_04	
23	31	SQ-2101	光电开关		SQ	:FB		DI	DI01_05	
24	32	SQ-2201	光电开关		SQ	:FB		DI	DI01_06	
25	33	SQ-2301	光电开关		SQ	:FB		DI	DI01_07	
26	34	SQ-2401	光电开关		SQ	:FB		DI	DI01_10	
27	35	SQ-2501	光电开关		SQ	:FB		DI	DI01_11	
28	36	SQ-2601	光电开关		SQ	:FB		DI	DI01_12	
29	37	SQ-2701	光电开关		SQ	:FB		DI	DI01_13	
30	38	SQ-2801	光电开关		SQ	:FB		DI	DI01_14	
31	39	SQ-4141	热机锅盖保护开关		SQ	:FB		DI	DI01_15	
32	40	SQ-4142	热混温度超温（温控表）		SQ	:FB		DI	DI01_16	
33	41	SQ-4143	热混温度到（温控表）		SQ	:FB		DI	DI01_17	

表 4-18 符号表（图样）

	ADDRESS	COMMENT
1	ADDRESS	COMMENT
35	DI02_01	SQ-4153:FB//冷混温度到（温控表）
36	DI02_02	SQ-4241:FB//热机锅盖保护开关
37	DI02_03	SQ-4242:FB//热混温度超温（温控表）
38	DI02_04	SQ-4243:FB//热混温度到（温控表）
39	DI02_05	SQ-4251:FB//冷机锅盖保护开关
40	DI02_06	SQ-4253:FB//冷混温度到（温控表）
41	DI02_07	DFM-4161:FB//功率: 1.1kw
42	DI02_10	DFM-4261:FB//功率: 1.1kw
43	DI02_11	DFM-5001:FB//功率: 5.5kw
44	DI02_12	DFM-5141:FB//功率: 3kw
45	DI02_13	DFM-5241:FB//功率: 3kw
46	DI02_14	DFM-6001:FB//功率: 5.5kw
47	DI02_15	DFM-6101:FB//功率: 5.5kw
48	DI02_16	DFV-2101:CLS//气动阀门
49	DI02_17	DFV-2101:OPN//气动阀门
50	DI03_00	DFV-2201:CLS//气动阀门
51	DI03_01	DFV-2201:OPN//气动阀门
52	DI03_02	DFV-2301:CLS//气动阀门
53	DI03_03	DFV-2301:OPN//气动阀门
54	DI03_04	DFV-2401:CLS//气动阀门
55	DI03_05	DFV-2401:OPN//气动阀门
56	DI03_06	DFV-2501:CLS//气动阀门
57	DI03_07	DFV-2501:OPN//气动阀门

点表来自query 符号表（电气原理图） 符号表（程序）

表 4-19　符号表（程序）

	A	F	G
1		COMMENT	SYMBOL
35		DIO2_01//冷混温度到（温控表）	SQ-4153:FB
36		DIO2_02//热机锅盖保护开关	SQ-4241:FB
37		DIO2_03//热混温度超温（温控表）	SQ-4242:FB
38		DIO2_04//热混温度到（温控表）	SQ-4243:FB
39		DIO2_05//冷机锅盖保护开关	SQ-4251:FB
40		DIO2_06//冷混温度到（温控表）	SQ-4253:FB
41		DIO2_07//功率：1.1kw	DFM-4161:FB
42		DIO2_10//功率：1.1kw	DFM-4261:FB
43		DIO2_11//功率：5.5kw	DFM-5001:FB
44		DIO2_12//功率：3kw	DFM-5141:FB
45		DIO2_13//功率：3kw	DFM-5241:FB
46		DIO2_14//功率：5.5kw	DFM-6001:FB
47		DIO2_15//功率：5.5kw	DFM-6101:FB
48		DIO2_16//气动阀门	DFV-2101:CLS
49		DIO2_17//气动阀门	DFV-2101:OPN
50		DIO3_00//气动阀门	DFV-2201:CLS
51		DIO3_01//气动阀门	DFV-2201:OPN
52		DIO3_02//气动阀门	DFV-2301:CLS
53		DIO3_03//气动阀门	DFV-2301:OPN
54		DIO3_04//气动阀门	DFV-2401:CLS
55		DIO3_05//气动阀门	DFV-2401:OPN
56		DIO3_06//气动阀门	DFV-2501:CLS
57		DIO3_07//气动阀门	DFV-2501:OPN
58		DIO3_10//气动阀门	DFV-2601:CLS

点表来自query　符号表（电气原理图）　符号表（程序）

4.5　自动生成位号

我们现在对设备位号表的生成也做一个总结。

在实际的工程应用中，从工艺图中导出位号表是可行的，然而把工艺图中的所有电气设备，按照电气自动化专业的规范编制标注唯一位号，却不是个容易协调的事。

如果工艺工程师不懂，或者不配合，那就只好电气工程师来逐个编辑、排布，那也会非常枯燥，而且极易出错。所以，我们也希望能自动生成位号表，以节省人工。

思路如下：

1）工艺图中的电气设备不再要求有完整的位号标识，只需要有类型标识即可。

2）通过程序软件，自动读取其类型标识后，自动排序，修改文字，生成唯一的位号表示。

3）如果图样中的设备已经有完整位号，则只检查唯一性，只对有重复编号的节点自动修改。

4）可以放弃以区域排布位号的规律，只追求位号唯一性。

这项需求比前一个"自动生成符号表需求"的难度更高，因为需要同时对 AutoCAD 图样和 Excel 表格文档进行自动处理。然而，找到合适的有能力兼具 AutoCAD 和 Excel 做二次开发能力的软件工程师，经过一些努力，也仍然能够实现。

一旦开发完成，工艺工程师不再受困于我们要求的位号规律，他们在设计系统工艺时，需要增加/减少设备时，只需要和过去一样，参考旧的项目工艺，复制过来一个图标即可。我们电气专业拿到实际项目资料后，稍微做个检查，然后用软件工具自动处理一下，几分钟就能完成位号表的导出工作。然后从位号表到点表统计、设备选型、符号表生成，逐个完成这些正向的设计流程。

第5章

西门子 S7-1500 PLC + WinCC 标准化编程

在前面两章分别介绍的标准化原理和标准化系统设计方法的基础上，本章将介绍在西门子 S7-1500 PLC + WinCC 平台的标准化编程实现。

S7-1500 PLC 是西门子在 2010 年左右开始推出的全新 TIA Portal 系统平台的旗舰 PLC 产品。

除了 S7-1500 PLC 之外，还有性能与功能相比均稍微逊色的 S7-1200 PLC，绝大部分编程方式与 S7-1500 PLC 相同且程序完全兼容。而 S7-1500 PLC 功能上比 S7-1200 PLC 优越之处，恰恰是实现标准化高效编程非常重要和非常有用的部分。这是西门子划分产品线时刻意所为。我们肯定要尽量利用其优点，以实现更高的效率，所以在设计选型时，将尽量选择 S7-1500 PLC。

本章将以 S7-1500 PLC 为主线进行介绍，但相关功能，S7-1200 PLC 不能支持时，会给出特别说明。

软件平台全称为 TIA Portal STEP 7 Professional，然而，我们为了不与 S7-300/400 PLC 时代的 STEP 7 V5. X 相混淆，通常只称之为 TIA Portal 或者 Portal，加上软件版本号。

TIA Portal 软件从 V15 之后开始支持对象与对象的直接引用，因而使面向对象的编程方法搭建程序架构时变得方便。所以我们从 V15 版本开始了标准化编程的探索。在书中，功能演示时，使用的是当前最新的 V16 版本，然而与 V15 并没有什么明显的区别。所以未来即便 V17、V18 甚至更高的 V20 发布，也不会有影响。

读者可以自行选择 V15 之后的任一版本，以及未来再有的所有升级版本，使用中均大致相同。其软件系统所增加的新功能最多会增加我们编程环境的丰富度，然而对实现标准化编程的方法基本是相同的。

PLC 的标准化编程方法实现的同时，还实现了上位机 SCADA 系统的标准化方法，虽然 TIA Portal 系统中已经有了功能比较完整的 WinCC Professional 跟随

Portal 的版本 V16，但目前，西门子框架内流行的主要还是传统 WinCC，从 7.3、7.4 到 7.5。

虽然理论上讲，Portal WinCC 更易于和 S7-1500 PLC 集成，而经典 WinCC 主要方便和 STEP 7 集成，然而经典 WinCC 与 S7-1500 PLC 无论是通信还是变量生成都毫不逊色，都不影响标准化架构的效率。从习惯的角度，以及更多的是功能细节的完善程度上，我们选择的 SCADA 是经典 WinCC 作为示范，而暂时没有选择 Portal WinCC PRO。

然而，如果有读者要学习 S7-1500 PLC 的标准化编程，而其上位机软件是 Portal WinCC PRO，那也不难实现。西门子官方已经有各种丰富的模板以及例程。通过参考本章在经典 WinCC 上的做法，也很容易在 Portal WinCC PRO 中实现。同样，在触摸屏应用中，如果是西门子的比较高端的触摸屏，其组态软件是 Portal WinCC Advance，方法和使用习惯与 WinCC PRO 非常接近，也是可以实现的。但本书中未涉及。或许，在未来的开发中逐渐会丰富上述两部分内容，等有机会也可以把经验方法贡献给广大读者。

实际分享项目中，为了指导学员学会使用各种第三方触摸屏与标准化程序的对接，我们分享了 MCGS 触摸屏的程序。本书中则未涉及讨论这部分技能。

5.1 库函数和模板在标准化编程架构中的地位

我们在第 3 章介绍了电气设备的类型，并在第 4 章对各自的子类型进行了细分。然而应注意的是那些子类型的细分，主要是面对的 I/O 通道数量不同，以及为了方便快速生成 I/O 统计和符号表。由此带来的优点，读者经过亲自动手实践可以有所体会。

而当我们要面对 PLC 编程时，这些子类型又太过繁琐，不值得每一个子类型都占用单独的一个 FB。所以又需要对逻辑高度相似的子类型尽量进行合并，尽量用一个 FB 可以实现对多个子类型的兼容，以减少 FB 库函数的数量。比如，电机子类型中，NM01 有电机保护故障信号，而 NM02 有接触器运行反馈信号而无故障反馈信号，在电机起动过程中，如果在设定时间内收到了电机运行的信号，则认为电机正常，反之则认为电机故障。只要控制回路设计得好，足够全面，反而比只采集故障信号更能反映设备的运行健康状态。所以，通常两者不会全采集，而是采集其中一种就够了。然而，在库函数中，则完全用一个库函数来实现两者兼具的功能，使用中可以随意选择。库函数除了要实现所要控制的对象需要的逻辑控制功能之外，还有一个更重要的功能是实现与 HMI/SCADA 的通信对接，甚至这部分功能比逻辑功能本身更重要，也更复杂，难度更大。

我们前面章节讲解过这样的理念，上位机对设备来说，相当于 I/O，与物理通道的 I/O 类似，只不过是通过通信变量的形式。所以对于底层的库函数，所实现的一大块功能是与上位机的接口。一个普通的 FB，如果不包含与上位机通信的接口，那就不能称为库函数。

一套完整的库函数应该是与上位机的画面模板配对使用的。当然，有可能是一对多，即一套 FB 对应上位机的多个画面模板，以应对一个 FB 实现不同的设备子类时，上位机的显示数据内容会有一些细节的区别。所以，我们讲的 PLC 标准化编程的概念其实也包含了对上位机的标准化编程。

一个事实是，其实在整个自动化行业，PLC 的库函数，所谓的控制逻辑都是非常简单的，尤其是我们只把 L1/L2 的设备函数作为库函数。所以，我们在设计 L1/L2 的库函数及上位机模板时，更多的精力应该放在数据接口，以及画面的协调美观，操作的便捷，习惯和风格一致性等。

至于个别的控制工艺，逻辑和算法比较复杂的，比如 PID，就应该模块化，算法部分专门负责算法，而库函数部分负责调用算法模块，同时给上位机提供接口。其中 Portal 的工艺块只提供了 PID、伺服等各种复杂工艺的算法控制，并没有提供上位机接口，就是这个原因。

需要我们自己开发适合自己控制需要的服务接口模块，实现所有接口的部署、对接。这是复杂工艺的复杂功能。而对于简单的基础类 L1 设备，由于通用性极强，所以不管是官方还是民间，会有多个渠道提供给大家使用，大部分是免费的，少部分是收费的，但价格也会比较便宜，区别只在于界面的美观程度，所以使用者完全可以以个人的喜好，以及行业的喜好习惯来进行选择。

通常不建议读者自己从头搭建整个库系统，因为太消耗精力了，完全不值得，也不符合标准化模块化的设计精神。但是原理需要懂，自己亲手做的基本功需要有，必要的时候可以自己修改或增减部分细节，以满足自己特殊设备的需要，即那些 L2 设备。但对基础 L1 设备，则最好是选择现成的库函数。

我们在 S7-1500 PLC 系统选择的是西门子官方推出的 BST 例程。

5.2　BST 例程学习

从 WinCC V7.0 开始，西门子公司官方提供了一个非常棒的体现 TIA 理念的例程，称为 BST 例程。BST 例程是西门子全球网站推出的一组标准库例程的统称，开始是适用于 S7-300/400 PLC 的，在 Portal 平台推出后，又推出了适用于 S7-1200/1500 PLC 的版本，所以文档编号逐渐分化，见表 5-1。

表 5-1　BST 系列

ID	WinCC	PLC
31624179	WinCC V7	STEP 7（TIA Portal）（适用于 S7-1200/1500）
66839614	WinCC（TIA Portal）	STEP 7（TIA Portal）（适用于 S7-1200/1500）
68679830	WinCC V7	STEP 7 V5（适用于 S7-300/400）
36435784	WinCC flexible	STEP 7 V5（适用于 S7-300/400）

各 BST 例程的相关具体资料可登录网站 https://support. industry. siemens. com 搜索文档编号查阅。

这些所有例程的接口协议都是统一的，所以可以互换。本章只探讨其中的 31624179，读者如果工作中需要用到其他版本的例子，完成本章学习后，可以自行下载使用。其原理和方法都是接近的。BST 运行界面如图 5-1 所示。

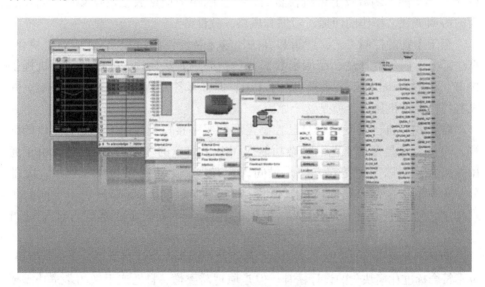

图 5-1　BST 运行界面

最新的 BST 例程中提供了 4 个主要的设备库函数，分别为 VALVE 阀、DIG-ITALL 数字量信号、ANALOGUE 模拟量输入信号和 MOTOR 电机。对应我们对设备类型分析的 6 个类型中主要的 4 个，而其余 2 个，即 DO 数字量输出和 AO 模拟量输出基本上不需要参数设置，在设计设备类型库时只需要 PLC 中的一个 FB，逻辑非常简单，甚至可以不需要 WinCC 上有配对的画面模板。所以，我们只对这 4 个基本设备类型分别进行解读。这 4 个设备类型，官方库中都配备了完整的应用文档，完整讲解了它的使用。然而，可能由于开发者团队本身还并没有做好标准化架构的准备，所以，其中的很多方法是落后的，低效的，细节上也有很多不完整。我们在解读时会有选择地只介绍用得到的功能，而在做标准化程序时，方法与其不一样的地方，即需要改进的地方，也会指出来。所以读者可以参阅其原文档，但又不能完全照着原文档的方式做。

5.2.1　VALVE FB630 阀门

如图 5-2 所示，每套设备类型库包含 3 部分，即 PLC 程序 FB、面板图标 fpt 文件和弹出窗口一组 6 个 pdl 画面文件（其中 3 个是有用的工作画面，另有 3 个是说明文档，没有实际用处）。阀门块包含的文件分别是

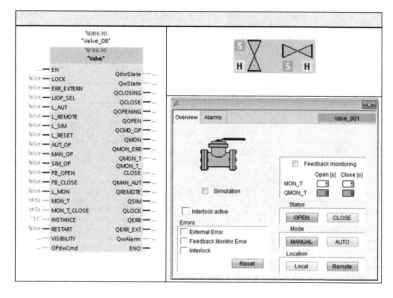

图 5-2　FB630 阀门

1）Portal：FB630。

2）WinCC 面板：DEMO_VALVE_ICON. fpt。

3）WinCC 画面：DEMO_VALVE_MAIN. pdl，DEMO_VALVE_STAND-ARD. pdl，DEMO_VALVE_MSG. pdl，DEMO_VALVE_ICON_Define. pdl，DEMO_VALVE_DefineState. pdl，DEMO_VALVE_DefineData. pdl。

1. 程序块的引脚列表及说明（见表 5-2）

表 5-2　VALVE FB630 引脚列表

信号	数据类型	初始值	
Input			
LOCK	Bool	FALSE	互锁，即运行条件。为 TRUE 时运行条件不满足，禁止运行。如正在运行时，LOCK 来到，则停止

（续）

信号	数据类型	初始值	
Input			
ERR_EXTERN	Bool	FALSE	外部故障，如整个系统的急停信号需要本设备停止时，通过此引脚传入
LIOP_SEL	Bool	FALSE	全称为 LINK/OP_SELECT，即引脚或者 HMI 有操作权限，后面的所有 L_开头的引脚全部需要本引脚为 TRUE 时才有效。TRUE 为 LINK，FALSE 为 OP
L_AUT	Bool	FALSE	通过引脚切换自动模式
L_REMOTE	Bool	FALSE	通过引脚切换 LOC/REM 模式
L_SIM	Bool	FALSE	通过引脚切换 SIM 模式
L_RESET	Bool	FALSE	通过引脚复位故障
AUT_OP	Bool	FALSE	自动模式下，可以用于启停设备
MAN_OP	Bool	FALSE	LOC 模式下，可以用于启停设备
SIM_OP	Bool	FALSE	SIM 模式下，可以用于启停设备
FB_OPEN	Bool	FALSE	开位置反馈
FB_CLOSE	Bool	FALSE	关位置反馈
L_MON	Bool	FALSE	通过引脚切换监控位置反馈
MON_T	Time	t#5s	监控位置反馈模式下的开超时时间设定
MON_T_CLOSE	Time	t#5s	监控位置反馈模式下的关超时时间设定
INSTANCE	String	'Valve_001'	设备的实例名，即注释内容
RESTART	Bool	FALSE	设备重启，无用
Output			
QdwState	DWord	16#0	输出状态字。每个位的定义，参看状态字协议
QwState	Int	0	以 Int 格式输出的状态
QCLOSING	Bool	FALSE	正在关动作状态
QCLOSE	Bool	FALSE	已关闭
QOPENING	Bool	FALSE	正在开动作状态
QOPEN	Bool	FALSE	已打开
QCMD_OP	Bool	FALSE	驱动输出
QMON	Bool	FALSE	监控反馈模式
QMON_ERR	Bool	FALSE	监控反馈错误
QMON_T	Time	T#0ms	监控开反馈倒计时
QMON_T_CLOSE	Time	T#0ms	监控关反馈倒计时
QMAN_AUT	Bool	FALSE	自动模式
QREMOTE	Bool	FALSE	REM 操作模式，即可以在 HMI 手动启停设备

（续）

	信号	数据类型	初始值	
Output				
	QSIM	Bool	FALSE	模拟模式，模拟运行时 QCMD_OP 不输出，其他相同
	QLOCK	Bool	FALSE	运行中产生了联锁故障
	QERR	Bool	FALSE	总故障，所有原因产生的故障均在这里集中输出
	QERR_EXT	Bool	FALSE	外部故障
	QwAlarm	Word	16#0	报警字
InOut				
	VISIBILITY	Byte	16#0	用于面板显示和隐藏元素，然而并没有用到，可以作为未来的功能预留
	OPdwCmd	DWord	16#0	HMI 下发来的控制字。每个位的定义，参看控制字协议

2. 传输到 WinCC 的变量（见表 5-3）

表 5-3　传输到 WinCC 的变量

Name	Data type	Tag type	Address
Instance	Text tag 16-bit character set	External	DB630，DD10
QdwState	Unsigned 32-bit value	External	DB630，DD268
QwAlarm	Unsigned 32-bit value	External	DB630，DBW286
OPdwCmd	Unsigned 32-bit value	External	DB630，DD290
MON_T	Unsigned 32-bit value	External	DB630，DD2
MON_T_CLOSE	Unsigned 32-bit value	External	DB630，DD6
QMON_T	Unsigned 32-bit value	External	DB630，DD276
QMON_T_CLOSE	Unsigned 32-bit value	External	DB630，DD280
SIM_T	Unsigned 32-bit value	External	DB630，DD296
QSIM_T	Unsigned 32-bit value	External	DB630，DD300
SIM_T_CLOSE	Unsigned 32-bit value	External	DB630，DD304
QSIM_T_CLOSE	Unsigned 32-bit value	External	DB630，DD308

我们简单复制了原文档的变量表，其中包含了绝对地址，用于与 WinCC 的结构变量地址偏移量对应。然而我们在本书的应用中，选择了更为高效的符号寻址，这会在后续的章节中具体介绍。所以后续并不会关注到每个变量的绝对地址。

3. 报警和消息 （Alarm and Message）

模块的输出引脚 QwAlarm 整合输出了整个设备的报警消息用于 WinCC 的报警消息中逐位读取。具体每位定义见表 5-4。

表 5-4　报警和消息

Bit	Signal	Message text
0	QMON_ERR	Feedback monitoring error
1		
2		
3		
4	QLOCK	Interlock，valve closed
5		
6	QERR_EXT	External error
7	QERR	Group error
8	QCLOSE	Valve is CLOSED
9	QOPENING	Valve is OPENING
10	QOPEN	Valve is OPEN
11	QCLOSING	Valve is CLOSING
12	LOCK	Interlock pending
13	QREMOTE	Controller = > REMOTE
14	QMAN_AUT	Operating mode = > AUTOMATIC
15	QSIM	Simulation ACTIVE

其中 bit 0 ~ 7 为故障和报警，bit 8 ~ 15 为消息和运行状态。消息文本中的文本为原文档的英文，在中文版系统中需要自行逐个翻译为中文。

原文档介绍的 WinCC 报警的生成方法是兼容 S7-1500 和 S7-1200 的，但方法比较简陋，需要较多的手工工作量。对于 S7-1500，我们选择更为高效的 AS 报警的传输方式，后面章节会有详细介绍。

4. 功能块的控制和状态信号

（1）控制字 OPdwCmd

在 WinCC 中，通过一个 32 位的 DWORD 类型控制字变量 OPdwCmd 向 PLC 发送指令，如图 5-3 所示，PLC 函数块的 INOUT 引脚收到控制字指令，对控制字的每位拆位读取，执行想要执行的动作，然后将这个命令位复位。所以，当 PLC 执行完命令后，整个控制字的值总是为 0。

控制字的每位定义如图 5-4 所示。

（2）状态字 QdwState

PLC 函数块把设备的各种开关运行状态整理汇总到 32 位的 DWORD 类型的

输出引脚 QdwState，如图 5-5 所示。WinCC 中通过对状态字的每位拆解读取状态，并呈现到运行画面中。

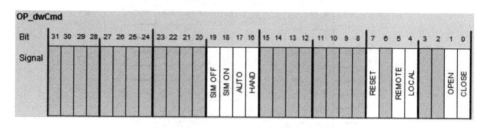

"Valve" (FB 630)

EN	QdwState
LOCK	QwState
ERR_EXTERN	QCLOSING
LIOP_SEL	QCLOSE
L_AUT	QOPENING
L_REMOTE	QOPEN
L_SIM	QCMD_OP
L_RESET	QMON
AUT_OP	QMON_ERR
MAN_OP	QMON_T
SIM_OP	QMON_T_CLOSE
FB_OPEN	QMAN_AUT
FB_CLOSE	QREMOTE
L_MON	QSIM
MON_T	QLOCK
MON_T_CLOSE	QERR
INSTANCE	QERR_EXT
RESTART	QwAlarm
VISIBILITY	ENO
OPdwCmd	

图 5-3　控制字 OPdwCmd

图 5-4　控制字的每位定义

"Valve" (FB 630)

EN	QdwState
LOCK	QwState
ERR_EXTERN	QCLOSING
LIOP_SEL	QCLOSE
L_AUT	QOPENING
L_REMOTE	QOPEN
L_SIM	QCMD_OP
L_RESET	QMON
AUT_OP	QMON_ERR
MAN_OP	QMON_T
SIM_OP	QMON_T_CLOSE
FB_OPEN	QMAN_AUT
FB_CLOSE	QREMOTE
L_MON	QSIM
MON_T	QLOCK
MON_T_CLOSE	QERR
INSTANCE	QERR_EXT
VISIBILITY	QwAlarm
RESTART	ENO
OPdwCmd	

图 5-5　状态字 QdwState

状态字的每位定义如图 5-6 所示。

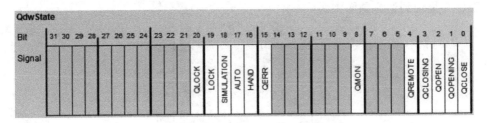

图 5-6　状态字的每位定义

（3）手自动模式切换

手自动模式切换涉及的引脚如图 5-7 所示。

"Valve" (FB 630)

EN	QdwState
LOCK	QwState
ERR_EXTERN	QCLOSING
LIOP_SEL	QCLOSE
L_AUT	QOPENING
L REMOTE	QOPEN
L_SIM	QCMD_OP
L_RESET	QMON
AUT_OP	QMON_ERR
MAN_OP	QMON_T
SIM_OP	QMON_T_CLOSE
FB_OPEN	QMAN_AUT
FB CLOSE	QREMOTE
L_MON	QSIM
MON_T	QLOCK
MON_T_CLOSE	QERR
INSTANCE	QERR_EXT
VISIBILITY	QwAlarm
RESTART	ENO
OPdwCmd	

图 5-7　手自动模式切换

• "LIOP_SEL"

如果"LIOP_SEL"为 1，则模式状态取决于引脚输入的"L_AUT"；如果"LIOP_SEL"为 0，则模式状态取决于控制字（"OPdwCmd〔bit 16 and 17〕"）。

• "L_AUT"

"L_AUT"只在"LIOP_SEL"为 1 时有效。"LIOP_SEL"= 1 AND "L_AUT"= 0→manual 手动，"LIOP_SEL"= 1 AND "L_AUT"= 1→automatic 自动。

• "OPdwCmd"

状态字的"OPdwCmd"的相关位置在"LIOP_SEL"为 0 时有效。"LIOP_

SEL"= 0 AND "OPdwCmd［bit 16］"= 1→manual 手动，"LIOP_SEL"= 0 AND "OPdwCmd［bit 17］"= 1→automatic 自动。

- "QMAN_AUT"

模式输出到"QMAN_AUT"引脚显示。"QMAN_AUT"= 0→manual 手动，"QMAN_AUT"= 1→automatic 自动。

- "QdwState"

模式也同时输出到状态字，送给了 WinCC 显示。"QdwState"使用了 bit 16 和 bit 17 两位分别显示手动和自动的各自状态，如果两位同时为 0 或者同时为 1，则是有错误。"QdwState［bit 16］"= 1→Manual 手动，"QdwState［bit 17］"= 1→ automatic 自动。

（4）就地和远方（LOC/REM）模式切换

就地 LOC 模式是在引脚上控制，而远方 REM 模式是在 WinCC 画面上操作控制设备。模式涉及的引脚如图 5-8 所示。

"Valve" (FB 630)

EN	QdwState
LOCK	QwState
ERR_EXTERN	QCLOSING
LIOP_SEL	QCLOSE
L_AUT	QOPENING
L_REMOTE	QOPEN
L_SIM	QCMD_OP
L_RESET	QMON
AUT_OP	QMON_ERR
MAN_OP	QMON_T
SIM_OP	QMON_T_CLOSE
FB_OPEN	QMAN_AUT
FB_CLOSE	QREMOTE
L_MON	QSIM
MON_T	QLOCK
MON_T_CLOSE	QERR
INSTANCE	QERR_EXT
VISIBILITY	QwAlarm
RESTART	ENO
OPdwCmd	

图 5-8　就地和远方

- "LIOP_SEL"

如果"LIOP_SEL"为 1，则模式状态取决于引脚输入的"L_REMOTE"；如果"LIOP_SEL"为 0，则模式状态取决于控制字（"OPdwCmd［bit 18 and 19］"）。

- "L_REMOTE"

"L_AUT"只在"LIOP_SEL"为 1 时有效。"LIOP_SEL"= 1 AND "L_RE-MOTE"= 0→LOC 就地，"LIOP_SEL"= 1 AND "L_REMOTE"= 1→REM 远方。

- "OPdwCmd"

状态字的"OPdwCmd"的相关位在"LIOP_SEL"为 0 时有效。"LIOP_SEL"= 0 AND "OPdwCmd [bit 18]"= 1→LOC 就地,"LIOP_SEL"= 0 AND "OPdwCmd [bit 19]"= 1→REM 远方。

- "QREMOTE"

模式输出到"QREMOTE"引脚显示。"QREMOTE"= 0→LOC 就地,"QRE-MOTE"= 1→REM 远方。

(5) 设备的开关操作

开关操作受其他模式影响,如手自动,就地/远方,以及模拟 SIM。所有涉及的引脚如图 5-9 所示。

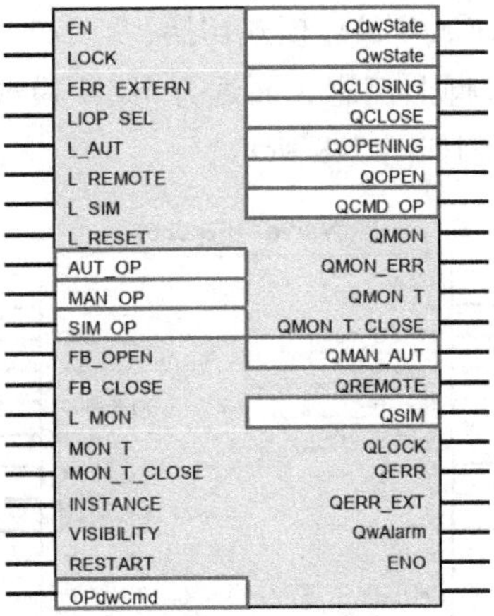

图 5-9　设备的开关操作

- "AUT_OP"

在自动状态,AUT_OP 引脚用于打开或关闭阀门。"AUT_OP"= 1 AND "QMAN_AUT"= 1→Opening,"AUT_OP"= 0 AND "QMAN_AUT"= 1→Closing。

- "MAN_OP"

在手动状态,MAN_OP 引脚用于打开或关闭阀门。"MAN_OP"= 1 AND "QMAN_AUT"= 0→Opening,"MAN_OP"= 0 AND "QMAN_AUT"= 0→Closing。

- "SIM_OP"

在 SIM 状态,SIM_OP 引脚用于打开或关闭阀门。"SIM_ON"= 1 AND "QSIM"= 1→Opening,"SIM_ON"= 0 AND "QSIM"= 1→Closing。

- "OPdwCmd"

控制字的 bit 0 和 bit 1 用于在 WinCC 中操作打开或关闭阀门。"LIOP_SEL"= 0 AND "OPdwCmd [bit 0]"= 1→Closing,"LIOP_SEL"= 0 AND "OPdwCmd [bit 1]"= 1→Opening。

• "QCLOSE""QOPENING""QOPEN""QCLOSING"（BOOL）

阀门在任何状态，此 4 个 BOOL 量必有一个为 1。"QCLOSE" = 1→Close（QwState = 0），"QOPENING" = 1→Opening（QwState = 1），"QOPEN" = 1→Open（QwState = 2），"QCLOSING" = 1→Closing（QwState = 3）。

• "QdwState"

把 4 种运行状态 "Close/Opening/Open/Closing" 显示在状态字的最低 4 位 bit 0 ~ bit 3 中。"QdwState bit 0" = 1→Close，"QdwState bit 1" = 1→Opening，"QdwState bit 2" = 1→Open，"QdwState bit 3" = 1→Closing。

图 5-10 表示了各种可能的运行状态。

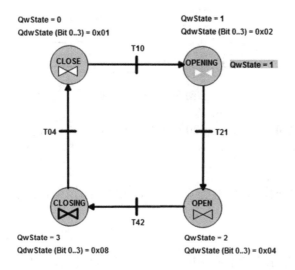

图 5-10　运行状态

（6）模拟 SIM 模式

SIM 模式是个很重要的功能，可以在不投入实际电气设备的情况下，模拟测试自动逻辑是否达到预想的工艺要求。SIM 模式下，QCMD_OP 被屏蔽，驱动指令不能输出到设备。SIM 模式涉及的引脚如图 5-11 所示。

• "LIOP_SEL"

如果 "LIOP_SEL" 为 1，则模式状态取决于引脚输入的 "L_SIM"；如果 "LIOP_SEL" 为 0，则模式状态取决于控制字（"OPdwCmd［bit 20 and 21］"）。

• "L_SIM"

"LIOP_SEL" = 1 AND "L_SIM" = 0→Sim OFF，"LIOP_SEL" = 1 AND "L_SIM" = 1→Sim ON。

• "OPdwCmd"

状态字 "OPdwCmd" 的相关位只在 "LIOP_SEL" 为 0 时有效。"LIOP_

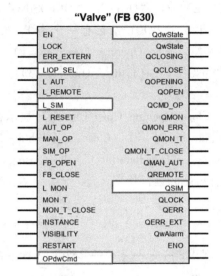

图 5-11　SIM 模式

SEL" = 0 AND "OPdwCmd [bit 20]" = 1→Sim OFF, "LIOP_SEL" = 0 AND "OP-dwCmd [bit 21]" = 1→Sim ON。

- "QSIM"

模式输出到"QSIM"引脚显示。"QSIM" = 0→Sim OFF, "QSIM" = 1→ Sim ON。

- "QdwState"

模式也同时输出到状态字的 bit 18, 送给 WinCC 显示。"QdwState [bit 18]" = 0→Simulation OFF, "QdwState [bit 18]" = 1→Simulation ON。

（7）联锁状态的触发显示和复位

作为一个执行器（阀门，泵或控制器）的一种，根据其工艺功能，通常需要有联锁功能。当工艺过程中的特定条件满足时，禁止设备启动。如设备已经在运行，则自动关闭并发出联锁错误。这个功能用于避免发生严重的设备故障。联锁涉及的引脚如图 5-12 所示。

- "LOCK"

输入引脚 LOCK 代表联锁条件，为 1 时禁止设备开启。"LOCK" = 0→未联锁，"LOCK" = 1→联锁条件激活。

- "L_RESET"

在输入引脚"L_RESET"的上升沿，输出引脚"QLOCK"状态位将被复位。

- "OPdwCmd"

"Valve" (FB 630)

EN	QdwState
LOCK	QwState
ERR EXTERN	QCLOSING
LIOP_SEL	QCLOSE
L_AUT	QOPENING
L_REMOTE	QOPEN
L_SIM	QCMD_OP
L_RESET	QMON
AUT_OP	QMON_ERR
MAN_OP	QMON_T
SIM_OP	QMON_T_CLOSE
FB_OPEN	QMAN_AUT
FB_CLOSE	QREMOTE
L_MON	QSIM
MON_T	QLOCK
MON_T_CLOSE	QERR
INSTANCE	QERR_EXT
VISIBILITY	QwAlarm
RESTART	ENO
OPdwCmd	

图 5-12 联锁

WinCC 面板上的复位按钮"RESET"按下时,控制字"OPdwCmd"的bit 24 被置位 1,然后在 PLC 程序中复位输出引脚"QLOCK"状态位。

· "QLOCK"

当阀正在开启或者已经开启即"QOPENING"或"QOPEN"为 1 时,LOCK 信号到来,则输出信号"QLOCK"置位 1,表示发生了联锁错误。"QLOCK"=1→联锁错误,"QLOCK"=0→无联锁错误。

· "QdwState"

状态字的 bit 26 和 bit 27 分别显示 LOCK 和 QLOCK 的状态。"QdwState [bit 27]"=1→LOCK=1(联锁条件激活),"QdwState [bit 26]"=1→QLOCK=1 (联锁错误)。

5. 块图标和面板

示例的动态数据在 WinCC 中使用 WinCC 面板类型显示。面板可用于 WinCC V7或更高版本,并具有集中更改的优势。如果对块图标的设计细节不满意可以修改,更改块图标后,不再需要编辑所有过程画面,而是会自动更新画面中使用了该面板的实例。如果不需要用面板类型来显示动态数据,而是希望运行数据直接显示在画面中,也可以直接组态 WinCC 画面对象,用来显示来自 PLC 中的运行数据以及操作指令。图标和窗口面板布局如图 5-13 所示。

(1)图标的不同运行状态显示

阀门的"Opening/Open/Closing/Close"每一种状态都会在图标符号中显示 (见图 5-14)。设备的运行状态通过状态字 QdwState 传送到 WinCC 中,WinCC 中的画面文件"DEMO_VALVE_ICON_Define. pdl"对横竖两种布局的阀门图标的状态均做了描述。

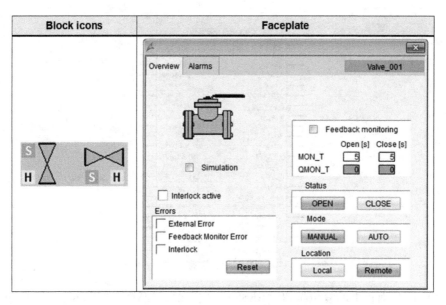

图 5-13　图标和窗口面板布局

- ▷◁ Close　　　　　　(QdwState, Bit 0 = 1)
- ▷◁ Opening　　　　　(QdwState, Bit 1 = 1)
- ▷◁ Open　　　　　　 (QdwState, Bit 2 = 1)
- ▶◀ Closing (QdwState, Bit 3 = 1)
- If none or several bits are set in "QdwState - Bit 0-3", the illegal status is set.
- ▷◁ Illegal

图 5-14　图标符号彩色

（2）状态符号

对设备的不同模式，也有字符符号动态显示，如图 5-15 所示。这些动态符号本质上是图片。详细描述也同样在 WinCC 画面文件 "DEMO_VALVE_ICON_ Define. pdl" 中。

- Display local/remote operation
  L "Local" mode
- Display manual/automatic mode
  H "Manual" mode
  A "Automatic" mode
- Display simulation On/Off
  S Simulation "On"
- Display of failure
  E Failure

图 5-15　状态符号彩色

（3）面板窗口——总览视图（见图 5-16）

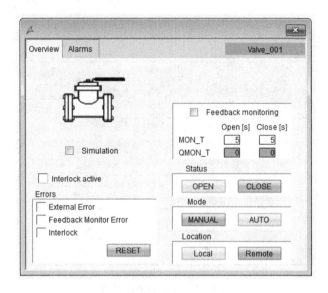

图 5-16　总览视图

在此窗口中可以实现的操作如下：
- 切换就地和远方模式 LOC/REM。
- 在 REM 模式下可以切换手动和自动模式 MAN/AUTO。
- 手动打开或者关闭阀门，同样需要在 REM 模式下。
- 复位故障。
- 切换打开模拟 SIM 模式，需要在 REM 和手动模式。
- 开启监控阀门的运行反馈，并设置限制时间。
- 在阀门操作时显示监控倒计时。

（4）面板窗口——报警和信息视图（见图 5-17）
本视图中自动过滤显示了当前设备相关的所有报警和运行信息历史记录。

6. 集成到项目

注意：在前面对块的介绍中，本书基本上严格参考阀门块的原文档说明书做了翻译说明，然而，我们总结出更便捷高效的实现方法，所以本节部分内容与原文档不同。我们会在所有 4 个设备类型全都介绍完成后集中介绍。

5.2.2　DIGITAL（FB650）数字量信号

如图 5-18 所示，设备类型库包含了 3 部分，即 PLC 程序 FB、面板图标 fpt 文件和面板弹出窗口一组 6 个 pdl 画面文件（其中 3 个是有用的工作画面，另有 3 个是说明文档，没有实际用处）。DI 块包含的文件分别为

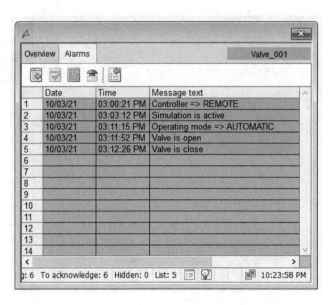

图 5-17　报警和信息视图

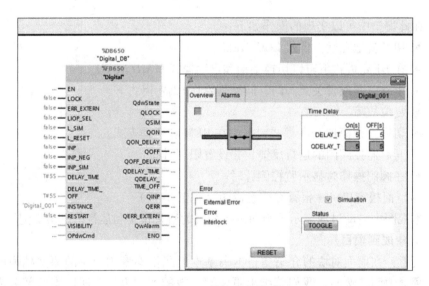

图 5-18　数字量信号

1）Portal：FB650。

2）WinCC 面板：DEMO_DIGITAL_ICON. fpt。

3）WinCC 画面：DEMO_DIGITAL_MAIN. pdl，DEMO_DIGITAL_STAND-ARD. pdl，DEMO_DIGITAL_MSG. pdl，DEMO_DIGITAL_ICON_Define. pdl，DEMO_DIGITAL_DefineState. pdl，DEMO_DIGITAL_DefineData. pdl。

1. 程序块的引脚列表及说明（见表5-5）

表5-5 引脚列表

信号	数据类型	初始值	
Input			
LOCK	Bool	FALSE	互锁，即运行条件。为 TRUE 时运行条件不满足，禁止运行。如正在运行时，LOCK 来到，则停止
ERR_EXTERN	Bool	FALSE	外部故障，如整个系统的急停信号需要本设备停止时，通过此引脚传入
LIOP_SEL	Bool	FALSE	全称为 LINK/OP_SELECT，即引脚或者 HMI 有操作权限，后面的所有 L_开头的引脚全部需要本引脚为 TRUE 时才有效。TRUE 为 LINK，FALSE 为 OP
L_SIM	Bool	FALSE	通过引脚切换 SIM 模式
L_RESET	Bool	FALSE	通过引脚复位故障
INP	Bool	FALSE	输入信号的引脚
INP_NEG	Bool	FALSE	输入信号取反
INP_SIM	Bool	FALSE	模拟信号输入
DELAY_TIME	Time	T#5S	延时 ON
DELAY_TIME_OFF	Time	T#5S	延时 OFF
INSTANCE	String	'DIGITAL_001'	设备的实例名，即注释内容
RESTART	Bool	FALSE	设备重启，无用
Output			
QdwState	DWord	16#0	输出状态字。每个位的定义，参看状态字协议
QLOCK	Bool	FALSE	运行中产生了联锁故障
QSIM	Bool	FALSE	模拟模式，模拟运行时 INP 信号失效，替代以对 INP_SIM 的信号延时处理
QON	Bool	FALSE	INP 信号为 1 后，经过 DEALY_TIME 的延时后为 1，模拟状态参照 QSIM
QON_DELAY	Bool	FALSE	在 DELAY_TIME 定时器运转期间为 1 的一个脉冲
QOFF	Bool	FALSE	INP 信号为 0 后，经过 DEALY_TIME_OFF 的延时后为 1，模拟状态参照 QSIM
QOFF_DELAY	Bool	FALSE	在 DELAY_TIME_OFF 定时器运转期间为 1 的一个脉冲

（续）

信号		数据类型	初始值	
Output				
	QDELAY_TIME	Time	T#0ms	DEALY_TIME 定时期间的倒计时
	QDELAY_TIME_OFF	Time	T#0ms	DEALY_TIME_OFF 定时期间的倒计时
	QINP	Bool	FALSE	如实复制 INP 状态
	QERR	Bool	FALSE	总故障，所有原因产生的故障均在这里集中输出
	QERR_EXTERN	Bool	FALSE	外部故障
	QwAlarm	Word	16#0	报警字
InOut				
	VISIBILITY	Byte	16#0	用于面板显示和隐藏元素，然而并没有用到，可以作为未来的功能预留
	OPdwCmd	DWord	16#0	HMI 下发来的控制字。每个位的定义，参看控制字协议

2. 传输到 WinCC 的变量（见表 5-6）

表 5-6　传输到 WinCC 的变量

Name	Data type	Tag type	Address
Instance	Text tag 16-bit character set	External	DB650, DD10
QdwState	Unsigned 32-bit value	External	DB650, DD268
QwAlarm	Unsigned 32-bit value	External	DB650, DBW28
OPdwCmd	Unsigned 32-bit value	External	DB650, DD288
DELAY_TIME	Unsigned 32-bit value	External	DB650, DD2
DELAY_TIME_OFF	Unsigned 32-bit value	External	DB650, DD6
QDELAY_TIME	Unsigned 32-bit value	External	DB650, DD274
QDELAY_TIME_OFF	Unsigned 32-bit value	External	DB650, DD278
DELAY_TIME_Rem	Floating-point number 32bit IEEE	Internal	—
DELAY_TIME_OFF_Rem	Floating-point number 32bit IEEE	Internal	—

　　我们简单复制了原文档的变量表，其中包含了绝对地址，用于与 WinCC 的结构变量地址偏移量对应。然而我们在本书的应用中，选择了更为高效的符号寻址，这会在后续的章节中具体介绍。所以后续并不会关注到每个变量的绝对地址。

3. 报警和消息 （Alarm and Message）

模块的输出引脚 QwAlarm 整合输出了整个设备的报警消息用于 WinCC 的报警消息中逐位读取。具体每位定义见表 5-7。

表 5-7　报警和消息位定义

Bit	Signal	Message text
0		
1		
2		
3		
4	QLOCK	Interlock，bit is locked
5		
6	QERR_EXT	External error
7	QERR	Group error
8	QON	Bit is ON
9	QON_DELAY	Bit is ON with delay
10		
11		
12	LOCK	Interlock pending
13		
14		
15	QSIM	Simulation ACTIVE

其中 bit 0 ~ 7 为故障和报警，bit 8 ~ 15 为消息和运行状态。消息文本中的文本为原文档的英文，在中文版系统中需要自行逐个翻译为中文。

原文档介绍的 WinCC 报警的生成方法是兼容 S7-1500 和 S7-1200 的，但方法比较简陋，需要较多的手工工作量。对于 S7-1500，我们选择更为高效的 AS 报警的传输方式，后面章节会有详细介绍。

4. 功能块的控制和状态信号

（1）控制字 OPdwCmd

在 WinCC 中，通过一个 32 位的 DWORD 类型控制字变量 OPdwCmd 向 PLC 发送指令，如图 5-19 所示，PLC 函数块的 INOUT 引脚收到控制字指令，对控制字的每位拆位读取，执行想要执行的动作，然后将这个命令位复位。所以，当 PLC 执行完命令后，整个控制字的值总是为 0。

控制字的每位定义如图 5-20 所示。

（2）状态字 QdwState

PLC 函数块把设备的各种开关运行状态整理汇总到 32 位的 DWORD 类型的

输出引脚 QdwState，如图 5-21 所示。WinCC 中通过对状态字的每位拆解读取状态，并呈现到运行画面中。

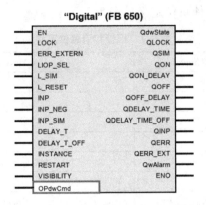

图 5-19　控制字 OPdwCmd

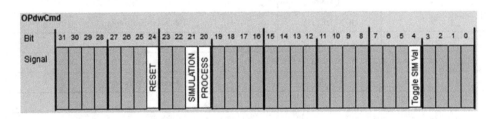

图 5-20　控制字的每位定义

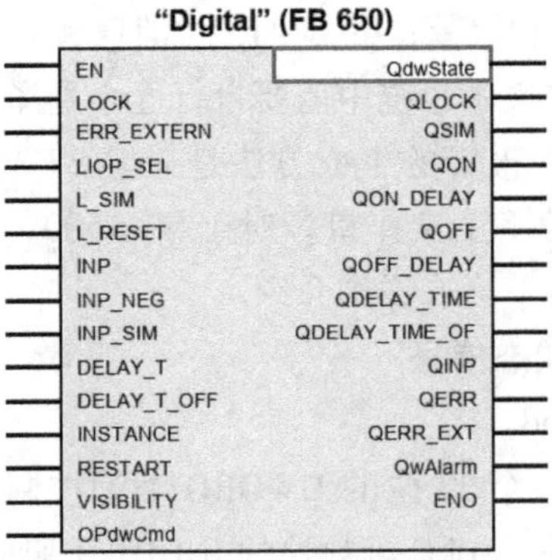

图 5-21　状态字 QdwState

状态字的每位定义如图 5-22 所示。

（3）ON/OFF 运行模式切换

ON/OFF 运行模式切换涉及的引脚如图 5-23 所示。

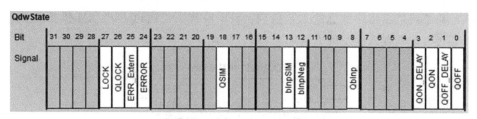

图 5-22   状态字的每位定义

"Digital" (FB 650)

EN	QdwState
LOCK	QLOCK
ERR EXTERN	QSIM
LIOP_SEL	QON
L SIM	QON DELAY
L RESET	QOFF
INP	QOFF_DELAY
INP_NEG	QDELAY TIME
INP_SIM	QDELAY TIME OFF
DELAY T	QINP
DELAY_T_OFF	QERR
INSTANCE	QERR_EXT
RESTART	QwAlarm
VISIBILITY	ENO
OPdwCmd	

图 5-23   ON／OFF 运行模式

- "INP"

输入信号 "INP" 与 "INP_NEG" 一起决定了状态的 On 和 Off。"INP" = 1 AND "INP_NEG" = 0→On，"INP" = 0 AND "INP_NEG" = 0→Off，"INP" = 1 AND "INP_NEG" = 1→Off，"INP" = 0 AND "INP_NEG" = 1→On。

- "INP_SIM"

在 SIM 状态，通过输入信号 "INP_SIM" 决定了状态的 On 和 Off。"INP_SIM" = 1 AND "QSIM" = 1→On，"INP_SIM" = 0 AND "QSIM" = 1→Off。

- "QON" "QON_DELAY" "QOFF" "QOFF_DELAY"（BOOL）

在任何时刻，这 4 个状态之中必有一个为 1。"QON" = 1→延时之后 On，"QON_DELAY" = 1→延时期间 On，"QOFF" = 1→延时之后 Off，"QOFF_DE-LAY" = 1→延时期间 Off。

- "QdwState"

4 个状态 "Off/Off with delay/On/On with delay" 被送到状态字的位 bit 0 ~ 3。"QdwState bit 0" = 1→Off，"QdwState bit 1" = 1→Off with delay，"QdwState bit 2" = 1→On，"QdwState bit 3" = 1→On with delay。

（4）模拟 SIM 模式

SIM 模式是个很重要的功能，可以在不投入实际电气设备的情况下，模拟测试自动逻辑是否达到预想的工艺要求。SIM 模式下，通过 INP_SIM 模拟生成了 DI 信号。SIM 模式涉及的引脚如图 5-24 所示。

"Digital" (FB 650)

EN	QdwState
LOCK	QLOCK
ERR_EXTERN	QSIM
LIOP_SEL	QON
L_SIM	QON_DELAY
L_RESET	QOFF
INP	QOFF_DELAY
INP_NEG	QDELAY_TIME
INP_SIM	QDELAY_TIME_OFF
DELAY_T	QINP
DELAY_T_OFF	QERR
INSTANCE	QERR_EXT
RESTART	QwAlarm
VISIBILITY	ENO
OPdwCmd	

图 5-24　SIM 模式

- "INP_SIM"

如果 SIM 模式打开，则"INP_SIM"有效，否则 INP 输入有效。

- "LIOP_SEL

如果"LIOP_SEL"为 1，则模式状态取决于引脚输入的"L_SIM"；如果"LIOP_SEL"为 0，则模式状态取决于控制字（"OPdwCmd［bit 20 and 21］"）。

- "L_SIM"

"LIOP_SEL"=1 AND "L_SIM"=0→Sim OFF，"LIOP_SEL"=1 AND "L_SIM"=1→Sim ON。

- "OPdwCmd"

状态字"OPdwCmd"的相关位只在"LIOP_SEL"为 0 时有效。"LIOP_SEL"=0 AND "OPdwCmd［bit 20］"=1→Sim OFF，"LIOP_SEL"=0 AND "OPdwCmd［bit 21］"=1→Sim ON。

- "QSIM"

模式输出到"QSIM"引脚显示。"QSIM"=0→Sim OFF，"QSIM"=1→Sim ON。

- "QdwState"

模式也同时输出到状态字的 bit 18，送给 WinCC 显示。"QdwState［bit 18］"=0→Simulation OFF，"QdwState［bit 18］"=1→Simulation ON。

（5）联锁状态的触发显示和复位

作为一个设备的一种，根据其工艺功能，可能需要有联锁功能。当工艺过程中的特定条件满足时，禁止设备启动。如设备已经在运行，则自动关闭并发出联锁错误。这个功能用于避免发生严重的设备故障。联锁涉及的引脚如图 5-25 所示。

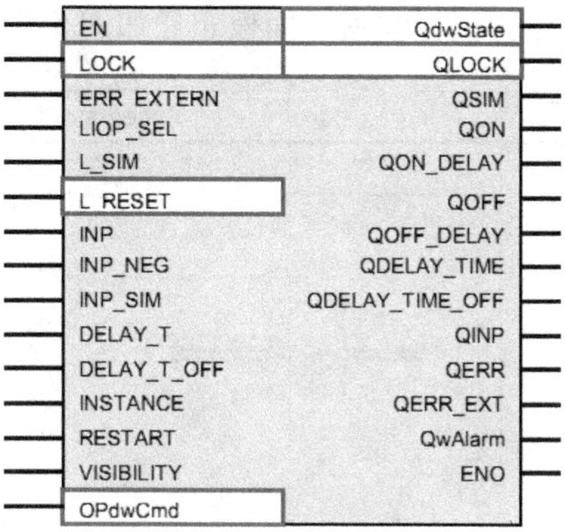

图 5-25　联锁状态

- "LOCK"

输入引脚 LOCK 代表联锁条件，为 1 时禁止设备开启。"LOCK" = 0→未联锁，"LOCK" = 1→联锁条件激活。

- "L_RESET"

在输入引脚 "L_RESET" 的上升沿，输出引脚 "QLOCK" 状态位将被复位。

- "OPdwCmd"

WinCC 面板上的复位按钮 "RESET" 按下时，控制字 "OPdwCmd" 的 bit 24 被置位 1，然后在 PLC 程序中复位输出引脚 "QLOCK" 状态位。

- "QLOCK"

当块正在动作或者已经开启即 "QON_DELAY" "QON" 或 "QOFF_DELAY" 为 1 时，LOCK 信号到来，则输出信号 "QLOCK" 置位 1，表示发生了联锁错误。即除了 QOFF 的停止状态外，任何三种状态发生时 LOCK 信号发生，都触发联锁错误。"QLOCK" = 1→联锁错误，"QLOCK" = 0→无联锁错误。

- "QdwState"

状态字的 bit 26 和 bit 27 分别显示 LOCK 和 QLOCK 的状态。"QdwState〔bit 27〕" = 1→LOCK = 1（联锁条件激活），"QdwState〔bit 26〕" = 1→QLOCK = 1（联锁错误）。

5. 块图标和面板

示例的动态数据在 WinCC 中使用 WinCC 面板类型显示。面板可用于 WinCC

V7 或更高版本，并具有集中更改的优势。如果对块图标的设计细节不满意可以修改，更改块图标后，不再需要编辑所有过程画面，而是会自动更新画面中使用了该面板的实例。如果不需要用面板类型来显示动态数据，而是希望运行数据直接显示在画面中，也可以直接组态 WinCC 画面对象，用来显示来自 PLC 中的运行数据以及操作指令。图标和窗口面板布局如图 5-26 所示。

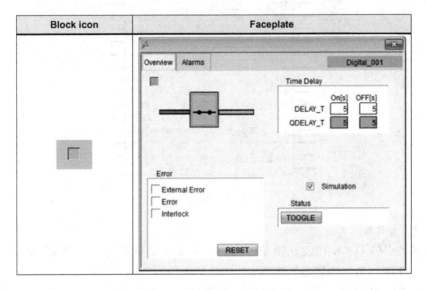

图 5-26 图标和窗口面板布局

（1）图标的不同运行状态显示

信号的"set/not set/simulation"每一种状态都会在图标符号中显示（见图 5-27）。每一种状态对应了一个图片，设备的运行状态通过状态字 QdwState 的 bit 0 和 bit 18 传送到 WinCC 中，WinCC 中的画面文件"DEMO_DIGITAL_ICON_Define. pdl"做了描述。

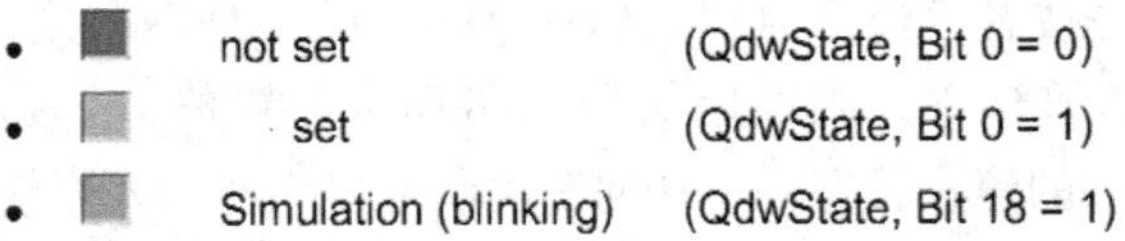

- ◼ not set　　　(QdwState, Bit 0 = 0)
- ◻ set　　　　(QdwState, Bit 0 = 1)
- ◼ Simulation (blinking)　(QdwState, Bit 18 = 1)

图 5-27 图标符号彩色

（2）面板窗口——总览视图（见图 5-28）

在此窗口中可以实现的操作如下：

- 复位故障。
- 切换打开模拟 SIM 模式。
- 置位和复位模拟输入。

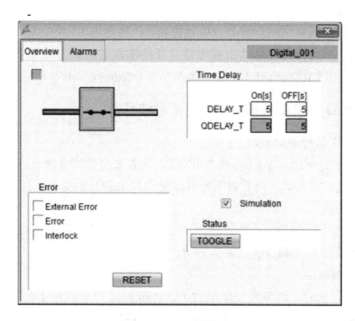

图 5-28 总览视图

● 设置延时，并显示监控倒计时。

（3）面板窗口——报警和信息视图（见图 5-29）

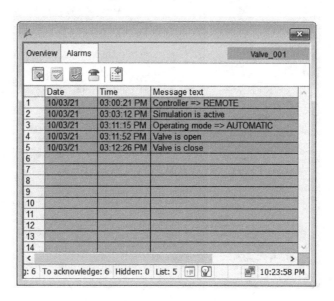

图 5-29 报警和信息视图

本视图中自动过滤显示了当前设备相关的所有报警和运行信息历史记录。

6. 集成到项目

注意：在前面对块的介绍中，本书基本上严格参考 DI 块的原文档说明书做了翻译说明，然而，我们总结出更便捷高效的实现方法，所以本节部分内容与原文档不同。我们会在所有 4 个设备类型全都介绍完成后集中介绍。

5.2.3　ANALOGUE（FB640）模拟量信号

模拟量 AI 信号的功能如下：

- 输入信号可以是 WORD 或者 REAL。前者来自模拟量物理通道，FB 中提供进行线性变换的功能。而后者则为直接使用的 REAL 数据，通过 AI 模块实现下面另外的功能。
- 可以监控限制值，当数值超过高限或低限时产生报警或者信号。
- 可以记录历史值并通过曲线查看。
- 可以被模拟。

如图 5-30 所示，设备类型库包含了 3 部分，即 PLC 程序 FB、面板图标 fpt 文件和面板弹出窗口一组 6 个 pdl 画面文件（其中 3 个是有用的工作画面，另有 3 个是说明文档，没有实际用处）。ANALOGUE 块包含的文件如下：

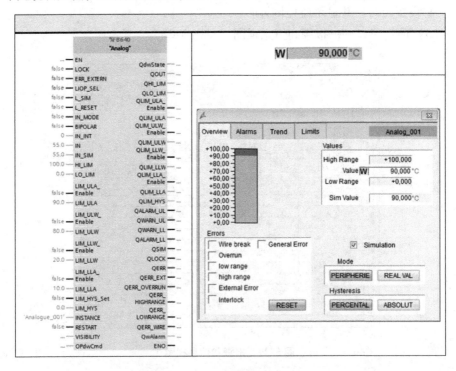

图 5-30　模拟量信号

1）Portal：FB640。

2）WinCC 面板：DEMO_ANALOGUE_ICON. fpt。

3）WinCC 画面：DEMO _ ANALOGUE _ MAIN. pdl，DEMO _ ANALOGUE _ STANDARD. pdl，DEMO_ANALOGUE_MSG. pdl，DEMO_ANALOGUE_ICON_Define. pdl，DEMO _ ANALOGUE _ DefineState. pdl，DEMO _ ANALOGUE _ DefineData. pdl。

1. 程序块的引脚及说明

程序块的引脚见表5-8。

表5-8　程序块的引脚

信号	数据类型	初始值	
Input			
LOCK	Bool	FALSE	互锁，即运行条件。为 TRUE 时运行条件不满足，禁止运行。如正在运行时 LOCK 来到，则输出 0
ERR_EXTERN	Bool	FALSE	外部故障，如整个系统的急停信号需要本设备停止时，通过此引脚传入
LIOP_SEL	Bool	FALSE	全称为 LINK/OP_SELECT，即引脚或者 HMI 有操作权限，后面的所有 L_开头的引脚全部需要本引脚为 TRUE 时才有效。TRUE 为 LINK，FALSE 为 OP
L_SIM	Bool	FALSE	通过引脚切换 SIM 模式
L_RESET	Bool	FALSE	通过引脚复位故障
IN_MODE	Bool	FALSE	信号输入模式，0 = IN_INT int 数据；1 = IN REAL 数据
BIPOLAR	Bool	FALSE	模拟量信号的极性
IN_INT	Int	0	模拟量数值 0 ~ 27648 对应 LO_LIM 和 HI_LIM 的上下限值
IN	Real	55	REAL 输入值
IN_SIM	Real	55	SIM 状态的模拟输入值
HI_LIM	Real	100	信号的物理上限值
LO_LIM	Real	0	信号的物理下限值
LIM_ULA_Enable	Bool	FALSE	使能 ULA 报警
LIM_ULA	Real	90	ULA 的设定值
LIM_ULW_Enable	Bool	FALSE	使能 ULW 警告
LIM_ULW	Real	80	ULW 的设定值

（续）

信号	数据类型	初始值	
Input			
LIM_LLW_Enable	Bool	FALSE	使能 LLW 警告
LIM_LLW	Real	20	LLW 的设定值
LIM_LLA_Enable	Bool	FALSE	使能 LLA 报警
LIM_LLA	Real	10	LLA 的设定值
LIM_HYS_Set	Bool	FALSE	使能滞后滤波
LIM_HYS	Real	0	滞后滤波的设定值
INSTANCE	String	'Analogue_001'	设备的实例名，即注释内容
RESTART	Bool	FALSE	设备重启，无用
Output			
QdwState	DWord	16#0	输出状态字。每个位的定义，参看状态字协议
QOUT	Real	0	输出值
QHI_LIM	Real	0	实际使用的上限值，输出
QLO_LIM	Real	0	实际使用的下限值，输出
QLIM_ULA_Enable	Bool	FALSE	使能 ULA 报警，输出
QLIM_ULA	Real	0	ULA 的设定值，输出
QLIM_ULW_Enable	Bool	FALSE	使能 ULW 警告，输出
QLIM_ULW	Real	0	ULW 的设定值，输出
QLIM_LLW_Enable	Bool	FALSE	使能 LLW 警告，输出
QLIM_LLW	Real	0	LLW 的设定值，输出
QLIM_LLA_Enable	Bool	FALSE	使能 LLA 报警，输出
QLIM_LLA	Real	0	LLA 的设定值，输出
QLIM_HYS	Real	0	滞后滤波的设定值
QALARM_UL	Bool	FALSE	ULA，上限报警
QWARN_UL	Bool	FALSE	ULW，上限警告
QWARN_LL	Bool	FALSE	LLW，下限警告
QALARM_LL	Bool	FALSE	LLA，下限报警
QSIM	Bool	FALSE	模拟模式，模拟运行时 INP 信号失效，以 INP_SIM 信号替代 INP 信号
QLOCK	Bool	FALSE	运行中产生了联锁故障
QERR	Bool	FALSE	总故障，所有原因产生的故障均在这里集中输出
QERR_EXT	Bool	FALSE	外部故障
QERR_OVERRUN	Bool	FALSE	溢出故障

（续）

	信号	数据类型	初始值	
Output				
	QERR_HIGHRANGE	Bool	FALSE	超上限故障
	QERR_LOWRANGE	Bool	FALSE	超下限故障
	QERR_WIRE	Bool	FALSE	断线故障
	QwAlarm	Word	16#0	报警字
InOut				
	VISIBILITY	Byte	16#0	用于面板显示和隐藏元素，然而并没有用到，可以作为未来的功能预留
	OPdwCmd	DWord	16#0	HMI 下发来的控制字。每个位的定义，参看控制字协议

2. 传输到 WinCC 的变量

传输到 WinCC 的变量见表 5-9。

表 5-9 传输到 WinCC 的变量

Name	Data type	Tag type	Address
Instance	Text tag 16-bit character set	External	DB640，DD50
QdwState	Unsigned 32-bit value	External	DB640，DD308
QwAlarm	Unsigned 32-bit value	External	DB640，DBW 354
OPdwCmd	Unsigned 32-bit value	External	DB640，DD358
OP_LIM_ULA	Floating-point number 32bit IEEE	External	DB640，DD364
OP_LIM_ULW	Floating-point number 32bit IEEE	External	DB640，DD368
OP_LIM_LLW	Floating-point number 32bit IEEE	External	DB640，DD372
OP_LIM_LLA	Floating-point number 32bit IEEE	External	DB640，DD276
OP_SIM_VALUE	Floating-point number 32bit IEEE	External	DB640，DD380
OP_LIM_HYS_Perc	Floating-point number 32bit IEEE	External	DB640，DD384
OP_LIM_HYS_Abs	Floating-point number 32bit IEEE	External	DB640，DD388
OP_HI_LIM	Floating-point number 32bit IEEE	External	DB640，DD392
OP_LO_LIM	Floating-point number 32bit IEEE	External	DB640，DD396
UNIT	Text tag 16-bit character set	Internal	—

我们简单复制了原文档的变量表，其中包含了绝对地址，用于与 WinCC 的结构变量地址偏移量对应。然而我们在本书的应用中，选择了更为高效的符号寻址，这会在后续的章节中具体介绍。所以后续并不会关注到每个变量

的绝对地址。

3. 报警和消息（Alarm and Message）

模块的输出引脚 QwAlarm 整合输出了整个设备的报警消息用于 WinCC 的报警消息中逐位读取。报警和消息位定义见表 5-10。

表 5-10 报警和消息位定义

Bit	Signal	Message text
0	QALARM_LL	Alarm lower limit undercut
1	QALARM_UL	Alarm upper limit exceeded
2		
3		
4	QLOCK	Interlock，value locked
5		
6	QERR_EXT	External error
7	QERR	Group error
8	QWARN_LL	Warning lower limit undercut
9	QWARN_UL	Warning upper limit undercut
10		
11		
12	LOCK	Interlock pending
13		
14		
15	QSIM	Simulation ACTIVE

其中 bit 0～7 为故障和报警，bit 8～15 为消息和运行状态。消息文本中的文本为原文档的英文，在中文版系统中需要自行逐个翻译为中文。

原文档介绍的 WinCC 报警的生成方法是兼容 S7-1500 和 S7-1200 的，但方法比较简陋，需要较多的手工工作量。对于 S7-1500，我们选择更为高效的 AS 报警的传输方式，后面章节会有详细介绍。

4. 功能块的控制和状态信号

（1）控制字 OPdwCmd

在 WinCC 中，通过一个 32 位的 DWORD 类型控制字变量 OPdwCmd 向 PLC 发送指令，如图 5-31 所示，PLC 函数块的 INOUT 引脚收到控制字指令，对控制字的每位拆位读取，执行想要执行的动作，然后将这个命令位复位。所以，当 PLC 执行完命令后，整个控制字的值总是为 0。

控制字的每位定义如图 5-32 所示。

"Analog" (FB 640)

EN	ENO
LOCK	QdwState
ERR_EXTERN	QOUT
LIOP_SEL	QHI_LIM
L_SIM	QLO_LIM
L_RESET	QLIM_ULA_Enable
IN_MODE	QLIM_ULA
BIPOLAR	QLIM_ULW_Enable
IN_INT	QLIM_ULW
IN	QLIM_LLW_Enable
IN_SIM	QLIM_LLW
HI_LIM	QLIM_LLA_Enable
LO_LIM	QLIM_LLA
LIM_ULA_Enable	QLIM_HYS
LIM_ULA	QALARM_UL
LIM_ULW_Enable	QWARN_UL
LIM_ULW	QWARN_LL
LIM_LLW_Enable	QALARM_LL
LIM_LLW	QSIM
LIM_LLA_Enable	QLOCK
LIM_LLA	QERR
LIM_HYS_Set	QERR_EXT
LIM_HYS	QERR_OVERRUN
INSTANCE	QERR_HIGHRANG
RESTART	QERR_LOWRANG
VISIBILITY	QERR_WIRE
OPdwCmd	QwAlarm

图 5-31　控制字 OPdwCmd

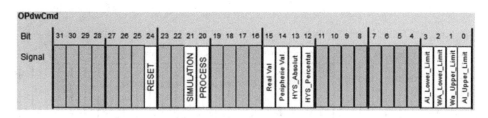

图 5-32　控制字的每位定义

（2）状态字 QdwState

PLC 函数块把设备的各种开关运行状态整理汇总到 32 位的 DWORD 类型的输出引脚 QdwState，如图 5-33 所示。WinCC 中通过对状态字的每位拆解读取状态，并呈现到运行画面中。

状态字的每位定义如图 5-34 所示。

（3）输入模式切换

输入模式切换涉及的引脚如图 5-35 所示。

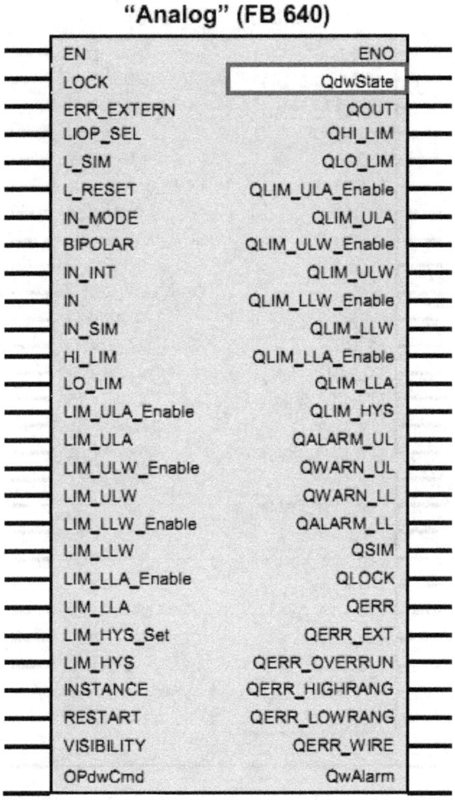

图 5-33　状态字 QdwState

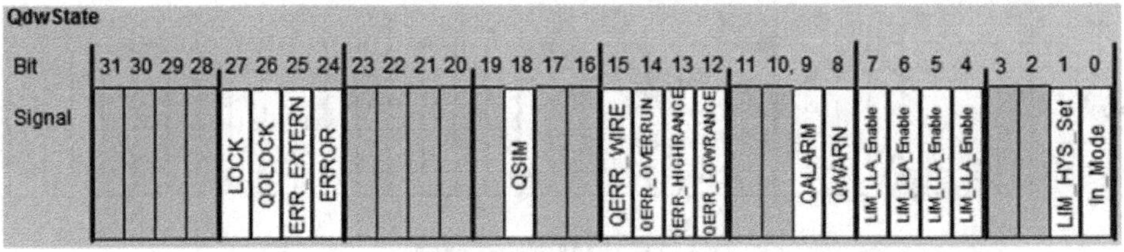

图 5-34　状态字的每位定义

- "IN_MODE"

输入信号"IN_MODE"决定了是"IN_INT"还是"IN"输入有效。"IN_MODE"=0→"IN_INT"有效,"IN_MODE"=1→"IN"有效。

- "BIPOLAR"

输入信号"BIPOLAR"决定了"IN_INT"输入引脚的信号是单极性还是双极性,即模数转换后数值的范围。"BIPOLAR"=0→单极性 0 ~ +27648,"BI-

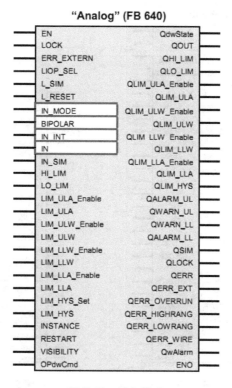

图 5-35　输入模式

POLAR"＝1→双极性 −27648 ～ +27648。

• "IN_INT"

输入的 4 ～ 20mA 信号（或其他类型）模数转换后的数值接入到 IN_INT 引脚，在单极性时数值范围为 0 ～ 27648，而双极性时为 −27648 ～ +27648，经过线性转换后送到"QOUT"。

更多模拟量模板信号的资料见 http://support. automation. siemens. com/WW/view/en/8859629。

• "IN"

输入信号 IN 的值在有效时会被直接送到"QOUT"。

（4）物理值的范围

当使用模拟量输入模板作为过程数据输入值时，这里的 HI_LIM 和 LO_LIM 用于确定物理量的上下限范围。HI_LIM→物理值上限范围，LO_LIM→物理值下限范围。上下限范围涉及的引脚如图 5-36 所示。

（5）监控限制值

监控限制值用于在模拟量的值超过或低于上下限警告或报警值时触发一个输出。监控限制值涉及的引脚如图 5-37 所示。

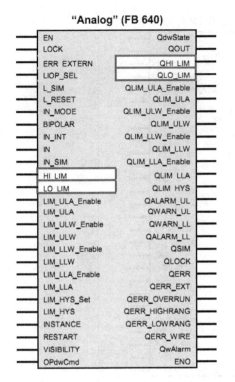

图 5-36　上下限范围　　　　　　　　图 5-37　监控限制值

过程自动工艺中，超限报警用于触发报警和触发安全保护条件，而超限警告用于触发所需要的控制工艺，简化了自动程序逻辑。

以下逻辑均在 LIOP_SET = 1 的情况下有效（如果 LIOP_SEL = 0，则来自 WinCC 的设定值为有效输入）。

ULA/ULW/LLW/LLA 分别表示高限报警、高限警告、低限警告和低限报警，在中文语境下经常被称作高高、高、低和低低报警。

- "LIM_ULA_Enable"

激活 ULA 报警，当过程值大于 LIM_ULA 的值时，触发报警并输出到 QALARM_UL 输出引脚。引脚输入有效时，输入值被分别复制输出到引脚 QLIM_ULA_Enable 和 QLIM_ULA。"LIM_ULA_Enable" = 0→监控功能未激活，"LIM_ULA_Enable" = 1→监控功能激活。

- "LIM_ULW_Enable"

激活 ULW 报警，当过程值大于 LIM_ULW 的值时，触发报警并输出到 QWARN_UL 输出引脚。引脚输入有效时，输入值被分别复制输出到引脚 QLIM_ULW_Enable 和 QLIM_ULW。"LIM_ULW_Enable" = 0→监控功能未激活，"LIM_ULW_Enable" = 1→监控功能激活。

- "LIM_LLW_Enable"

激活 LLW 报警, 当过程值大于 LIM _LLW 的值时, 触发报警并输出到 QWARN_LL 输出引脚。引脚输入有效时, 输入值被分别复制输出到引脚 QLIM_ LLW_Enable 和 QLIM_LLW。"LIM_LLW_Enable" = 0→监控功能未激活, "LIM_ LLW_Enable" = 1→监控功能激活。

- "LIM_LLA_Enable"

激活 LLA 报警, 当过程值大于 LIM _LLA 的值时, 触发报警并输出到 QALARM_LL 输出引脚。引脚输入有效时, 输入值被分别复制输出到引脚 QLIM_ LLA_Enable 和 QLIM_LLA。"LIM_LLA_Enable" = 0→监控功能未激活, "LIM_ LLA_Enable" = 1→监控功能激活。

- "LIM_HYS" 和 "LIM_HYS_Set"

LIM_HYS 用于设置一个死区, 用于避免 AI 数值在限制值附近波动时频繁产生报警。取决于 "LIM_HYS_Set" 的设置, 这个死区范围可能是百分比值或者绝对值。当为百分比值时, 还需要根据 "HI_LIM" 和 "LO_LIM" 的值进行了换算。

(6) 模拟 SIM 模式

SIM 模式是个很重要的功能, 可以在不投入实际电气设备的情况下, 模拟测试自动逻辑是否达到预想的工艺要求。SIM 模式下, 通过 IN_SIM 模拟生成了模拟值。SIM 模式涉及的引脚如图 5-38 所示。

- "IN_SIM"

如果 SIM 模式打开, 则 "IN_SIM" 传来的数值有效, 否则按正常的输入通道有效。

- "LIOP_SEL"

如果 "LIOP_SEL" 为 1, 则模式状态取决于引脚输入的 "L_SIM"; 如果 "LIOP_SEL" 为 0, 则模式状态取决于控制字 ("OPdwCmd [bit 20 and 21]")。

- "L_SIM"

"LIOP_SEL" = 1 AND "L_SIM" = 0→Sim OFF, "LIOP_SEL" = 1 AND "L_ SIM" = 1→Sim ON。

- "OPdwCmd"

状态字 "OPdwCmd" 的相关位只在 "LIOP_SEL" 为 0 时有效。"LIOP_ SEL" = 0 AND "OPdwCmd [bit 20]" = 1→Sim OFF, "LIOP_SEL" = 0 AND "OP- dwCmd [bit 21]" = 1→Sim ON。

- "QSIM"

模式输出到 "QSIM" 引脚显示。"QSIM" = 0→Sim OFF, "QSIM" = 1→ Sim ON。

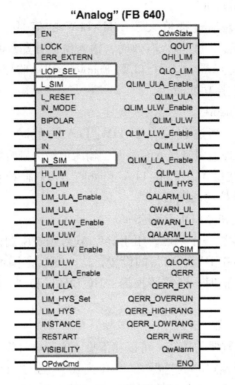

图 5-38　SIM 模式

- "QdwState"

模式也同时输出到状态字的 bit 18，送给 WinCC 显示。"QdwState［bit 18］" = 0→Simulation OFF，"QdwState［bit 18］" = 1→Simulation ON。

（7）错误复位

以下条件会触发 FB 到错误状态，模块的输出值 QOUT 被替代以低限值 LO_LIM。

- LOCK = 1，联锁。
- ERR_EXT = 1，外部错误。
- QERR_WIRE，侦测到断线。

以下条件会触发 FB 到错误状态，模块的输出值 QOUT 被替代以低限值 HI_LIM。

- QERR_OVERRUN，溢出。

如果故障发生，可以通过输入引脚 L_RESET 或者从 WinCC 通过操控控制字 OPdwCmd 来复位。故障复位仅在所有错误已经消失以后。错误复位涉及的引脚如图 5-39 所示。

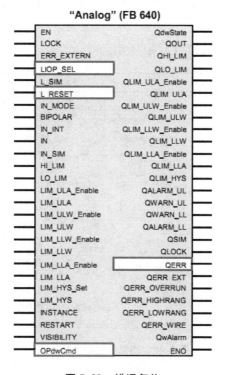

"Analog" (FB 640)

EN	QdwState
LOCK	QOUT
ERR_EXTERN	QHI_LIM
LIOP_SEL	QLO_LIM
L_SIM	QLIM_ULA_Enable
L_RESET	QLIM_ULA
IN_MODE	QLIM_ULW_Enable
BIPOLAR	QLIM_ULW
IN_INT	QLIM_LLW_Enable
IN	QLIM_LLW
IN_SIM	QLIM_LLA_Enable
HI_LIM	QLIM_LLA
LO_LIM	QLIM_HYS
LIM_ULA_Enable	QALARM_UL
LIM_ULA	QWARN_UL
LIM_ULW_Enable	QWARN_LL
LIM_ULW	QALARM_LL
LIM_LLW_Enable	QSIM
LIM_LLW	QLOCK
LIM_LLA_Enable	QERR
LIM_LLA	QERR_EXT
LIM_HYS_Set	QERR_OVERRUN
LIM_HYS	QERR_HIGHRANG
INSTANCE	QERR_LOWRANG
RESTART	QERR_WIRE
VISIBILITY	QwAlarm
OPdwCmd	ENO

图 5-39　错误复位

- "LOCK"

输入引脚 LOCK 代表联锁条件，为 1 时禁止设备开启。"LOCK"=0→未联锁，"LOCK"=1→联锁条件激活。

- "L_RESET"

在输入引脚 LIOP_SET = 1 的情况下，输入引脚"L_RESET"在上升沿时，输出引脚"QERR"状态位将被复位。

- "OPdwCmd"

在输入引脚 LIOP_SET = 0 的情况下，WinCC 面板上的复位按钮"RESET"按下时，控制字"OPdwCmd"的 bit 24 被置位 1，然后在 PLC 程序中复位输出引脚"QERR"状态位。

5. 块图标和面板

示例的动态数据在 WinCC 中使用 WinCC 面板类型显示。面板可用于 WinCC V7 或更高版本，并具有集中更改的优势。如果对块图标的设计细节不满意可以修改，更改块图标后，不再需要编辑所有过程画面，而是会自动更新画面中使用了该面板的实例。

如果不需要用面板类型来显示动态数据，而是希望运行数据直接显示在画面中，也可以直接组态 WinCC 画面对象，用来显示来自 PLC 中的运行数据以及操作指令。

图标和窗口面板布局如图 5-40 所示。

Block icon
Faceplate
55,000 °C
43,700 °C
W 80,000 °C
A 91,500 °C
E 43,700 °C
Overview
Alarms
Trend
Limits
Analog_001
Values
High Range +100,000
Value W 90,000 °C
Low Range +0,000
Sim Value 90,000 °C
Errors
Wire break
General Error
Overrun
low range
high range
External Error
Interlock
RESET
Simulation
Mode
PERIPHERIE
REAL VAL
Hysteresis
PERCENTAL
ABSOLUT

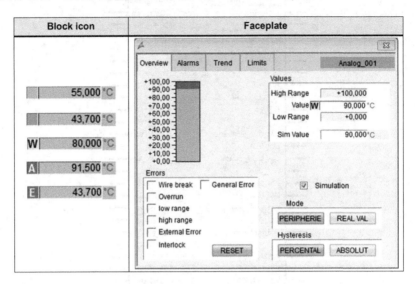

图 5-40　图标和窗口面板布局

在操作视图中提供如下功能：

1）显示状态：模拟量的值，趋势图，模拟。

2）显示错误：联锁，外部错误，总错误，断线，溢出，下限范围，上限范围。

3）操作：操作 SIM ON/OFF，切换信号源 IO/REAL，滞后值模式绝对/百分比，设定报警和警告限制值，在模拟状态时输入模拟值。

（1）图标的不同运行状态显示

信号的“有/无/SIM”每一种状态都会在图标符号中显示（见图 5-41）。每一种状态对应了一个图片，设备的运行状态通过状态字 QdwState 的 bit 8、9、18、24、25 传送到 WinCC 中，WinCC 中的画面文件“DEMO_ANALOGUE_ICON_Define. pdl”做了描述。

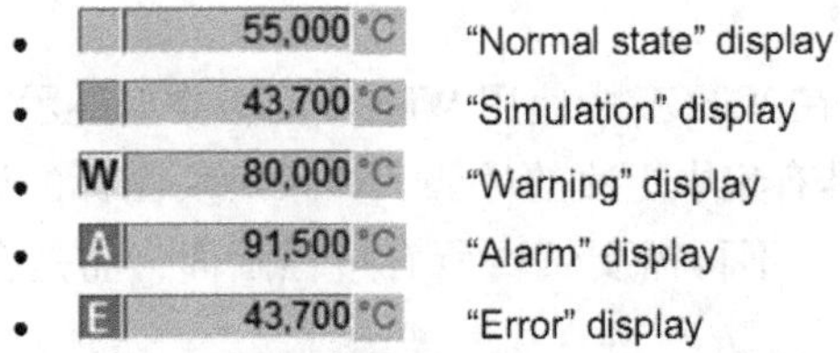

55,000 °C “Normal state” display
43,700 °C “Simulation” display
W 80,000 °C “Warning” display
A 91,500 °C “Alarm” display
E 43,700 °C “Error” display

图 5-41　图标符号彩色

（2）面板窗口——总览视图（见图 5-42）

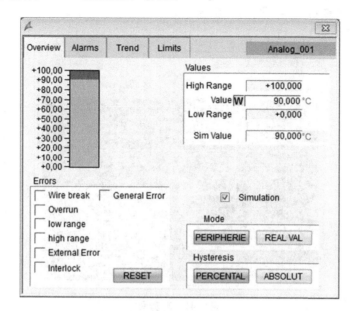

图 5-42　总览视图

在此窗口中可以监视实时运行值和限制值，以及错误状态，设置模拟状态和模拟值等。

（3）面板窗口——报警和信息视图（见图 5-43）

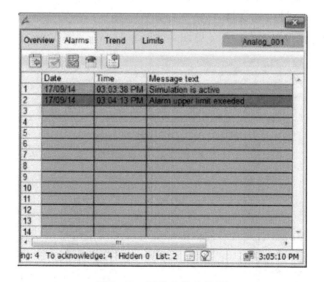

图 5-43　报警和信息视图

本视图中自动过滤显示了当前设备相关的所有报警和运行信息历史记录。

（4）面板窗口——趋势图（见图 5-44）

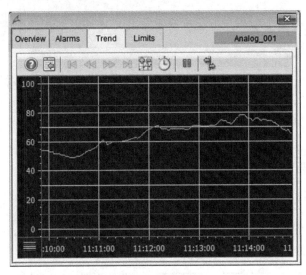

图 5-44　趋势图

趋势图窗口显示了本变量的历史趋势曲线。在最完整的情况下，对每一个模拟量信号，变量记录中记录了 5 个变量，除了变量值以外，还包括了上下限 4 个限制值。

另外，趋势图的数据轴也是根据变量的 HI_LIM 和 LO_LIM 自动调整的，以适应多个不同物理量纲的变量。

（5）面板窗口——限制值（见图 5-45）

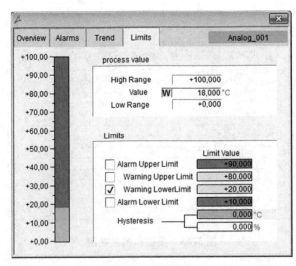

图 5-45　限制值

本窗口可以执行的操作如下：

- 设定变量的上下限范围。
- 使能各个限制值，并产生系统报警信息。
- 设定监视的设定值。

6. 集成到项目

注意：在前面对块的介绍中，本书基本上严格参考块的原文档说明书做了翻译说明，然而，我们总结出更便捷高效的实现方法，所以本节部分内容与原文档不同。我们会在所有 4 个设备类型全都介绍完成后集中介绍。

5.2.4　MOTOR FB620 电机

如图 5-46 所示，设备类型库包含了 3 部分，即 PLC 程序 FB、面板图标 fpt 文件和弹出窗口一组 6 个 pdl 画面文件（其中 3 个是有用的工作画面，另有 3 个是说明文档，没有实际用处）。电机块包含的文件如下：

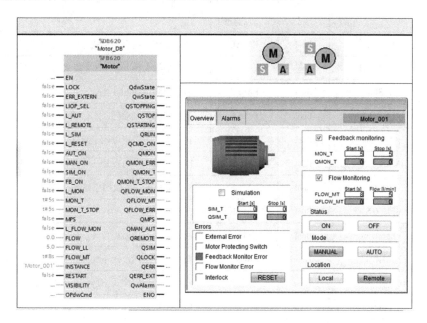

图 5-46　数字量信号

1）Portal：FB620。

2）WinCC 面板：DEMO_MOTOR_ICON. fpt。

3）WinCC 画面：DEMO _ MOTOR _ MAIN. pdl，DEMO _ MOTOR _ STAND-ARD. pdl，DEMO_MOTOR_MSG. pdl，DEMO_MOTOR_ICON_Define. pdl，DEMO_MOTOR_DefineState. pdl，DEMO_MOTOR_DefineData. pdl。

1. 程序块的引脚及说明

程序块的引脚见表 5-11。

表 5-11　程序块的引脚

信号	数据类型	初始值	
Input			
LOCK	Bool	FALSE	互锁，即运行条件。为 TRUE 时运行条件不满足，禁止运行。如正在运行时，LOCK 来到，则停止
ERR_EXTERN	Bool	FALSE	外部故障，如整个系统的急停信号需要本设备停止时，通过此引脚传入
LIOP_SEL	Bool	FALSE	全称为 LINK/OP_SELECT，即引脚或者 HMI 有操作权限，后面的所有 L_开头的引脚全部需要本引脚为 TRUE 时才有效。TRUE 为 LINK，FALSE 为 OP
L_AUT	Bool	FALSE	通过引脚切换自动模式
L_REMOTE	Bool	FALSE	通过引脚切换 LOC/REM 模式
L_SIM	Bool	FALSE	通过引脚切换 SIM 模式
L_RESET	Bool	FALSE	通过引脚复位故障
AUT_ON	Bool	FALSE	自动模式下，可以用于启停设备
MAN_ON	Bool	FALSE	LOC 模式下，可以用于启停设备
SIM_ON	Bool	FALSE	SIM 模式下，可以用于启停设备
FB_ON	Bool	FALSE	开位置反馈
L_MON	Bool	FALSE	通过引脚切换监控位置反馈
MON_T	Time	t#5s	监控位置反馈模式下的开超时时间设定
MON_T_STOP	Time	t#5s	监控位置反馈模式下的关超时时间设定
MPS	Bool	FALSE	电机保护信号
L_FLOW_MON	Bool	FALSE	通过引脚切换监控电流
FLOW	Real	0	电流值
FLOW_LL	Real	5	电流下限值
FLOW_MT	Time	t#8s	电流超限时间
INSTANCE	String	'Motor_001'	设备的实例名，即注释内容
RESTART	Bool	FALSE	设备重启，无用

（续）

信号	数据类型	初始值	
Output			
QdwState	DWord	16#0	输出状态字。每个位的定义，参看状态字协议
QwState	Int	0	以 int 格式输出的状态
QSTOPPING	Bool	FALSE	正在关动作状态
QSTOP	Bool	FALSE	已停止
QSTARTING	Bool	FALSE	正在开动作状态
QRUN	Bool	FALSE	已启动
QCMD_ON	Bool	FALSE	驱动输出
QMON	Bool	FALSE	监控反馈模式
QMON_ERR	Bool	FALSE	监控反馈错误
QMON_T	Time	T#0ms	监控开反馈倒计时
QMON_T_STOP	Time	T#0ms	监控关反馈倒计时
QFLOW_MON	Bool	FALSE	监控电流
QFLOW_MT	Time	T#0ms	无电流时间
QFLOW_ERR	Bool	FALSE	电流故障
QMPS	Bool	FALSE	电机保护故障
QMAN_AUT	Bool	FALSE	自动模式
QREMOTE	Bool	FALSE	REM 操作模式，即可以在 HMI 手动启停设备
QSIM	Bool	FALSE	模拟模式，模拟运行时 QCMD_ON 不输出，其他相同
QLOCK	Bool	FALSE	运行中产生了联锁故障
QERR	Bool	FALSE	总故障，所有原因产生的故障均在这里集中输出
QERR_EXT	Bool	FALSE	外部故障
QwAlarm	Word	16#0	报警字
InOut			
VISIBILITY	Byte	16#0	用于面板显示和隐藏元素，然而并没有用到，可以作为未来的功能预留
OPdwCmd	DWord	16#0	HMI 下发来的控制字。每个位的定义，参看控制字协议

2. 传输到 WinCC 的变量

传输到 WinCC 的变量见表 5-12。

表 5-12　传输到 WinCC 的变量

Name	Data type	Tag type	Address
Instance	Text tag 16-bit character set	External	DB620,DD24
QdwState	Unsigned 32-bit value	External	DB620,DD282
QwAlarm	Unsigned 16-bit value	External	DB620,DBW306
OPdwCmd	Unsigned 32-bit value	External	DB620,DD310
Mon_T	Unsigned 32-bit value	External	DB620,DD2
MON_T_STOP	Unsigned 32-bit value	External	DB620,DD6
FLOW	Floating-point number 32bit IEEE	External	DB620,DD12
FLOW_LL	Floating-point number 32bit IEEE	External	DB620,DD16
FLOW_MT	Unsigned 32-bit value	External	DB620,DD20
QMON_T	Unsigned 32-bit value	External	DB620,DD290
QMON _T_STOP	Unsigned 32-bit value	External	DB620,DD294
QFLOW_MT	Unsigned 32-bit value	External	DB620,DD300
SIM_T	Unsigned 32-bit value	External	DB620,DD316
QSIM_T	Unsigned 32-bit value	External	DB620,DD320
QSIM_T_STOP	Unsigned 32-bit value	External	DB620,DD228
SIM_T_STOP	Unsigned 32-bit value	External	DB620,DD324

　　我们简单复制了原文档的变量表，其中包含了绝对地址，用于与 WinCC 的结构变量地址偏移量对应。然而我们在本书的应用中，选择了更为高效的符号寻址，这会在后续的章节中具体介绍。所以后续并不会关注到每个变量的绝对地址。

3. 报警和消息（Alarm and Message）

　　模块的输出引脚 QwAlarm 整合输出了整个设备的报警消息用于 WinCC 的报警消息中逐位读取。报警和消息位定义见表 5-13。

表 5-13　报警和消息位定义

Bit	Signal	Message text
0	QMON_ERR	Feedback monitoring error
1	QFLOW_ERR	Dry-running monitoring triggered
2	QMPS	Motor protection switch triggered
3		
4	QLOCK	Lock, motor switched off
5		
6	QERR_EXT	External error

（续）

Bit	Signal	Message text
7	QERR	General error
8	QSTOP	Motor is OFF
9	QSTARTING	Motor is STARTING
10	QRUN	Motor is ON
11	QSTOPPING	Motor is STOPPING
12	LOCK	Interlock pending
13	QREMOTE	Controller = > REMOTE
14	QMAN_AUT	Operating mode = > AUTOMATIC
15	QSIM	Simulation is ACTIVE

其中 bit 0 ~ 7 为故障和报警，bit 8 ~ 15 为消息和运行状态。消息文本中的文本为原文档的英文，在中文版系统中需要自行逐个翻译为中文。

原文档介绍的 WinCC 报警的生成方法是兼容 S7-1500 和 S7-1200 的，但方法比较简陋，需要较多的手工工作量。对于 S7-1500，我们选择更为高效的 AS 报警的传输方式，后面章节会有详细介绍。

4. 功能块的控制和状态信号

（1）控制字 OPdwCmd

在 WinCC 中，通过一个 32 位的 DWORD 类型控制字变量 OPdwCmd 向 PLC 发送指令，如图 5-47 所示，PLC 函数块的 INOUT 引脚收到控制字指令，对控制

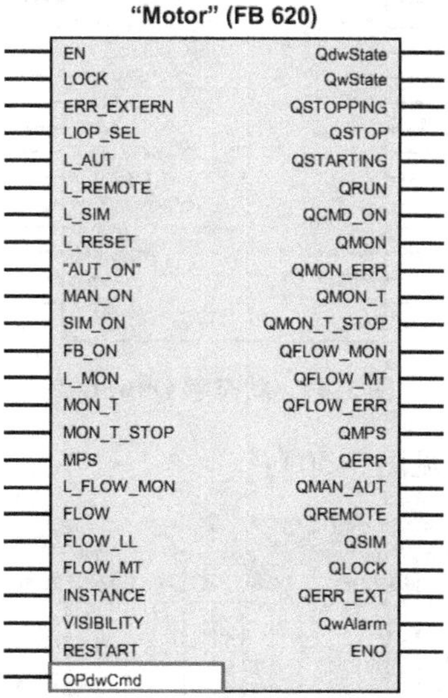

图 5-47 控制字 OPdwCmd

字的每位拆位读取，执行想要执行的动作，然后将这个命令位复位。所以，当 PLC 执行完命令后，整个控制字的值总是为 0。

控制字的每位定义如图 5-48 所示。

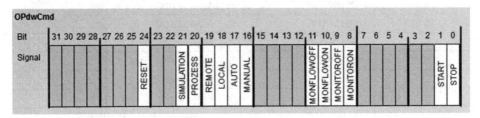

图 5-48　控制字的每位定义

（2）状态字 QdwState

PLC 函数块把设备的各种开关运行状态整理汇总到 32 位的 DWORD 类型的输出引脚 QdwState，如图 5-49 所示。WinCC 中通过对状态字的每位拆解读取状态，并呈现到运行画面中。

"Motor" (FB 620)

EN	QdwState
LOCK	QwState
ERR_EXTERN	QSTOPPING
LIOP_SEL	QSTOP
L_AUT	QSTARTING
L_REMOTE	QRUN
L_SIM	QCMD_ON
L_RESET	QMON
"AUT_ON"	QMON_ERR
MAN_ON	QMON_T
SIM_ON	QMON_T_STOP
FB_ON	QFLOW_MON
L_MON	QFLOW_MT
MON_T	QFLOW_ERR
MON_T_STOP	QMPS
MPS	QERR
L_FLOW_MON	QMAN_AUT
FLOW	QREMOTE
FLOW_LL	QSIM
FLOW_MT	QLOCK
INSTANCE	QERR_EXT
VISIBILITY	QwAlarm
RESTART	ENO
OPdwCmd	

图 5-49　状态字 QdwState

状态字的每位定义（见图 5-50）：

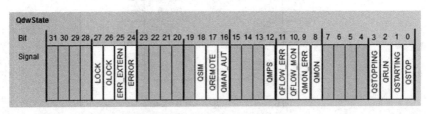

图 5-50　状态字的每位定义

（3）手自动模式切换

手自动模式切换涉及的引脚如图 5-51 所示。

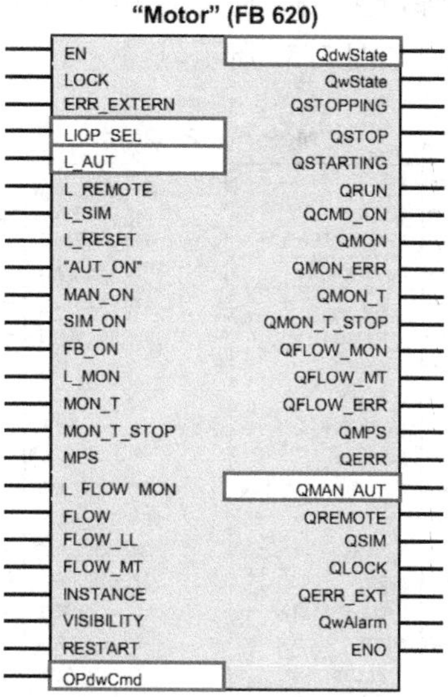

图 5-51　手自动模式切换

• "LIOP_SEL"

如果"LIOP_SEL"为 1，则模式状态取决于引脚输入的"L_AUT"；如果"LIOP_SEL"为 0，则模式状态取决于控制字（"OPdwCmd［bit 16 and 17］"）。

• "L_AUT"

"L_AUT"只在"LIOP_SEL"为 1 时有效。"LIOP_SEL" = 1 AND "L_AUT" = 0→manual 手动，"LIOP_SEL" = 1 AND "L_AUT" = 1→automatic 自动。

• "OPdwCmd"

状态字的"OPdwCmd"的相关位置在"LIOP_SEL"为 0 时有效。"LIOP_SEL" = 0 AND "OPdwCmd［bit 16］" = 1→manual 手动，"LIOP_SEL" = 0 AND "OPdwCmd［bit 17］" = 1→automatic 自动。

• "QMAN_AUT"

模式输出到"QMAN_AUT"引脚显示。"QMAN_AUT" = 0→manual 手动，"QMAN_AUT" = 1→automatic 自动。

• "QdwState"

模式也同时输出到状态字，送给了 WINCC 显示。"QdwState"使用了 bit 16 和 bit 17 两位分别显示手动和自动的各自状态，如果两位同时为 0 或者同时为 1，则是有错误。"QdwState［bit 16］" = 1→Manual 手动，"QdwState［bit 17］" = 1→

automatic 自动。

（4）就地和远方（LOC/REM）模式切换

就地 LOC 模式是在引脚上控制，而远方 REM 模式是在 WinCC 画面上操作控制设备。模式涉及的引脚如图 5-52 所示。

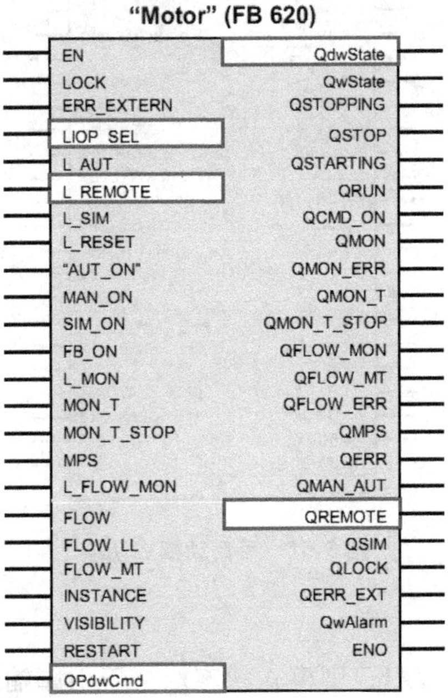

图 5-52　就地和远方

● "LIOP_SEL"

如果 "LIOP_SEL" 为 1，则模式状态取决于引脚输入的 "L_REMOTE"；如果 "LIOP_SEL" 为 0，则模式状态取决于控制字（"OPdwCmd［bit 18 and 19］"）。

● "L_REMOTE"

"L_AUT" 只在 "LIOP_SEL" 为 1 时有效。"LIOP_SEL" = 1 AND "L_RE-MOTE" = 0→LOC 就地，"LIOP_SEL" = 1 AND "L_REMOTE" = 1→REM 远方。

● "OPdwCmd"

状态字的 "OPdwCmd" 的相关位在 "LIOP_SEL" 为 0 时有效。"LIOP_SEL" = 0 AND "OPdwCmd［bit 18］" = 1→LOC 就地，"LIOP_SEL" = 0 AND "OPdwCmd［bit 19］" = 1→REM 远方。

● "QREMOTE"

模式输出到 "QREMOTE" 引脚显示。"QREMOTE" = 0→LOC 就地，"QRE-MOTE" = 1→REM 远方。

（5）设备的起停操作

起停操作受其他模式影响，如手自动、就地/远方以及模拟 SIM。

所有涉及的引脚如图 5-53 所示。

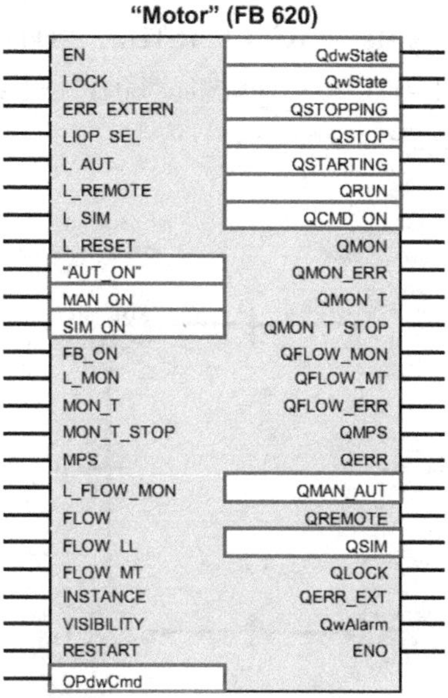

图 5-53　起停操作

- "AUT_ON"

在自动状态，AUT_ON 引脚用于起动或停止电机。"AUT_ON" = 1 AND "QMAN_AUT" = 1→Start，"AUT_ON" = 0 AND "QMAN_AUT" = 1→Stop。

- "MAN_ON"

在手动状态，MAN_ON 引脚用于起动或停止电机。"MAN_ON" = 1 AND "QMAN_AUT" = 0→Start，"MAN_ON" = 0 AND "QMAN_AUT" = 0→Stop。

- "SIM_ON"

在 SIM 状态，SIM_ON 引脚用于起动或停止电机。"SIM_ON" = 1 AND "QSIM" = 1→Start，"SIM_ON" = 0 AND "QSIM" = 1→Stop。

- "OPdwCmd"

控制字的 bit 0 和 1 用于在 WinCC 中起动或停止电机。"LIOP_SEL" = 0 AND "OPdwCmd［bit 0］" = 1→Stop，"LIOP_SEL" = 0 AND "OPdwCmd［bit 1］" = 1→Start。

- "QSTOP" "QSTARTING" "QRUN" "QSTOPPING"（BOOL）

电机在任何状态，此 4 个 BOOL 量必有一个为 1。"QSTOP" = 1→OFF（Qw-

State = 0），"QSTARTING" = 1→START（QwState = 1），"QRUN" = 1→ON（Qw-
State = 2），"QSTOPING" = 1→STOP（QwState = 3）。

- "QdwState"

把 4 种运行状态"STOP/STARTING/RUN/STOPPING"显示在状态字的最低
4 位 bit 0 ~ bit 3 中。"QdwState bit 0" = 1→STOP，"QdwState bit 1" = 1→START-
ING，"QdwState bit 2" = 1→RUN，"QdwState bit 3" = 1→STOPPING。

图 5-54 表示了各种可能的运行状态。

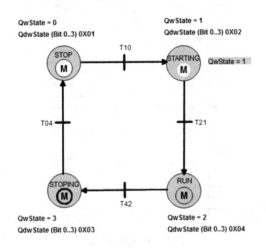

图 5-54 运行状态

（6）电机保护开关（MPS）

FB 可以外接一个电机保护开关信号到 MPS 引脚，当此信号为 1 时，程序块
内触发一个错误，然后电机被切换到 STOP 状态。MPS 涉及的引脚如图 5-55
所示。

- MPS

MPS = 1→QMPS = 1，QMPS = 1→QERR = 1。

（7）模拟 SIM 模式

SIM 模式是个很重要的功能，可以在不投入实际电气设备的情况下，模拟测
试自动逻辑是否达到预想的工艺要求。

SIM 模式下，QCMD_ON 被屏蔽，指令不能输出到设备。SIM 模式涉及的引
脚如图 5-56 所示。

- "LIOP_SEL"

如果"LIOP_SEL"为 1，则模式状态取决于引脚输入的"L_SIM"；如果
"LIOP_SEL"为 0，则模式状态取决于控制字（"OPdwCmd [bit 20 and 21]"）。

- "L_SIM"

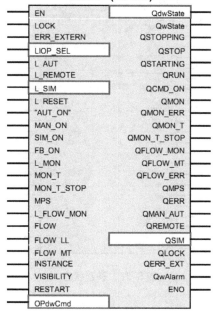

"Motor" (FB 620)

EN	QdwState
LOCK	QwState
ERR_EXTERN	QSTOPPING
LIOP_SEL	QSTOP
L_AUT	QSTARTING
L_REMOTE	QRUN
L_SIM	QCMD_ON
L_RESET	QMON
"AUT_ON"	QMON_ERR
MAN_ON	QMON_T
SIM_ON	QMON_T_STOP
FB_ON	QFLOW_MON
L_MON	QFLOW_MT
MON_T	QFLOW_ERR
MON_T_STOP	QMPS
MPS	QERR
L_FLOW_MON	QMAN_AUT
FLOW	QREMOTE
FLOW_LL	QSIM
FLOW_MT	QLOCK
INSTANCE	QERR_EXT
VISIBILITY	QwAlarm
RESTART	ENO
OPdwCmd	

图 5-55　MPS

"Motor" (FB 620)

EN	QdwState
LOCK	QwState
ERR_EXTERN	QSTOPPING
LIOP_SEL	QSTOP
L_AUT	QSTARTING
L_REMOTE	QRUN
L_SIM	QCMD_ON
L_RESET	QMON
"AUT_ON"	QMON_ERR
MAN_ON	QMON_T
SIM_ON	QMON_T_STOP
FB_ON	QFLOW_MON
L_MON	QFLOW_MT
MON_T	QFLOW_ERR
MON_T_STOP	QMPS
MPS	QERR
L_FLOW_MON	QMAN_AUT
FLOW	QREMOTE
FLOW_LL	QSIM
FLOW_MT	QLOCK
INSTANCE	QERR_EXT
VISIBILITY	QwAlarm
RESTART	ENO
OPdwCmd	

图 5-56　SIM 模式

"LIOP_SEL" = 1 AND "L_SIM" = 0→Sim OFF, "LIOP_SEL" = 1 AND "L_SIM" = 1→Sim ON。

- "OPdwCmd"

状态字"OPdwCmd"的相关位只在"LIOP_SEL"为 0 时有效。"LIOP_SEL" = 0 AND "OPdwCmd [bit 20]" = 1→Sim OFF, "LIOP_SEL" = 0 AND "OPdwCmd [bit 21]" = 1→Sim ON。

- "QSIM"

模式输出到"QSIM"引脚显示。"QSIM" = 0→Sim OFF, "QSIM" = 1→Sim ON。

- "QdwState"

模式也同时输出到状态字的 bit 18, 送给 WinCC 显示。"QdwState [bit 18]" = 0→Simulation OFF, "QdwState [bit 18]" = 1→Simulation ON。

（8）联锁状态的触发显示和复位

作为一个执行器（电机，泵或控制器）的一种，根据其工艺功能，通常需要有联锁功能。当工艺过程中的特定条件满足时，禁止设备启动。如设备已经在运行，则自动停止并发出联锁错误。这个功能用于避免发生严重的设备故障。联锁涉及的引脚如图 5-57 所示。

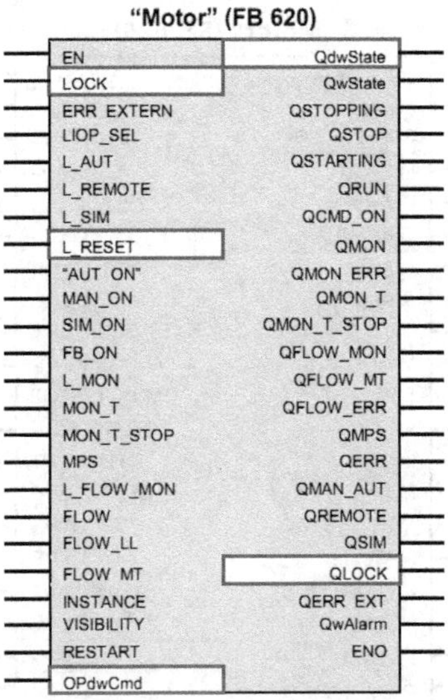

图 5-57 联锁状态

- "LOCK"

输入引脚 LOCK 代表联锁条件, 为 1 时禁止设备开启。"LOCK" = 0→未联锁，"LOCK" = 1→联锁条件激活。

● "L_RESET"

在输入引脚"L_RESET"的上升沿，输出引脚"QLOCK"状态位将被复位。

● "OPdwCmd"

WinCC 面板上的复位按钮"RESET"按下时，控制字"OPdwCmd"的 bit 24 被置位 1，然后在 PLC 程序中复位输出引脚"QLOCK"状态位。

● "QLOCK"

当阀正在开启或者已经开启即"QOPENING"或"QOPEN"为 1 时，LOCK 信号到来，则输出信号"QLOCK"置位 1，表示发生了联锁错误。"QLOCK" = 1→联锁错误，"QLOCK" = 0→无联锁错误。

● "QdwState"

状态字的 bit 26 和 bit 27 分别显示 LOCK 和 QLOCK 的状态。"QdwState [bit 27]" = 1→LOCK = 1（联锁条件激活），"QdwState [bit 26]" = 1→QLOCK = 1（联锁错误）。

5. 块图标和面板

示例的动态数据在 WinCC 中使用 WinCC 面板类型显示。面板可用于 WinCC V7 或更高版本，并具有集中更改的优势。如果对块图标的设计细节不满意可以修改，更改块图标后，不再需要编辑所有过程画面，而是会自动更新画面中使用了该面板的实例。

如果不需要用面板类型来显示动态数据，而是希望运行数据直接显示在画面中，也可以直接组态 WinCC 画面对象，用来显示来自 PLC 中的运行数据以及操作指令。

图标和窗口面板布局如图 5-58 所示。

（1）图标的不同运行状态显示

电机的"Stop/Starting/Run/Stopping"每一种状态都会在图标符号中显示（见图 5-59）。设备的运行状态通过状态字 QdwState 传送到 WinCC 中，WinCC 中的画面文件"DEMO_MOTOR_ICON_Define. pdl"对横竖两种布局的电机图标的状态均做了描述。

（2）状态符号

对设备的不同模式，也有字符符号动态显示，如图 5-60 所示。这些动态符号本质上是图片。详细描述也同样在 WinCC 画面文件"DEMO_MOTOR_ICON_ Define. pdl"中。

（3）面板窗口——总览视图（见图 5-61）

在此窗口中可以实现的操作如下：

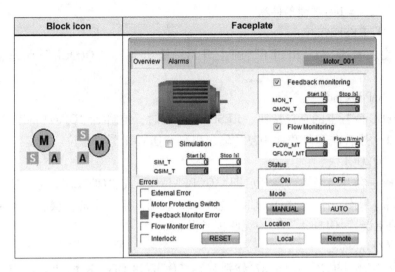

图 5-58　图标和窗口面板布局

-  Stop　　　　　(QdwState, Bit 0 = 1)

- Starting　　　(QdwState, Bit 1 = 1)

- Run　　　　　(QdwState, Bit 2 = 1)

- Stopping　　　(QdwState, Bit 3 = 1)

- If none or several bits are set in "QdwState - Bit 0-3", the illegal status is set.

- Illegal

图 5-59　图标符号彩色

- Display local/remote operation
  L "Local" mode
- Display manual/automatic mode
  H "Manual" mode
  A "Automatic" mode
- Display simulation On/Off
  S Simulation on
- Display failure/warning
  E General failure
  W General warning
- Display interlock
  IL Interlock pending
  IL Interlock active

图 5-60　状态符号彩色

- 切换就地和远方模式 LOC/REM。
- 在 REM 模式下可以切换手动和自动模式 MAN/AUTO。

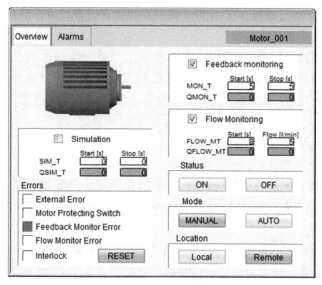

图 5-61　总览视图

- 手动起动或者停止电机，同样需要在 REM 模式下。
- 复位故障。
- 切换打开 SIM 模拟模式，需要在 REM 和手动模式。
- 开启监控电机的运行反馈，并设置限制时间。
- 开启监控电机的电流，并设置最低电流和空载运行时间。
- 在电机操作时显示监控倒计时。

（4）面板窗口——报警和信息视图（见图 5-62）

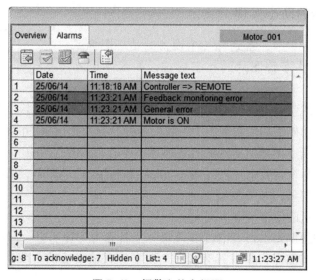

图 5-62　报警和信息视图

本视图中自动过滤显示了当前设备相关的所有报警和运行信息历史记录。

6. 集成到项目

注意：在前面对块的介绍中，本书基本上严格参考块的原文档说明书做了翻译说明，然而，我们总结出更便捷高效的实现方法，所以本节部分内容与原文档不同。我们会在所有 4 个设备类型全都介绍完成后集中介绍。

5.3　深入理解 BST 例程

5.2 节花费了大量的篇幅介绍了 BST 例程中 4 个设备类型的逻辑原理和功能。然而还远远不够。那只是对初学者方便了解这个例程的架构做的最基本的介绍。

我们还需要对它实现的每一个细节都充分理解掌握。这样做的目的有两个：一是，如果客户对我们当下提供的功能、界面、颜色方案等不够满意，希望改进时，需要有能力进行修改改进；二是，我们不可避免地要自己完整设计自己行业项目所特有的库函数，我们不可以另起炉灶自己从头重新搭建，甚至重新约定控制字、状态字规范，重新设计界面搭配，那样会导致系统的一致性变差。

本书的讲解做不到覆盖所有的细节。本节会举几个例子，有选择地介绍其中实现的功能和方法。更多细节，需要读者亲自持续去发现和体会。这是我们提高基本功的比较好的机会。熟练的基本功是成功实现 PLC 编程标准化的必要条件。

5.3.1　图标的动态实现

我们回到 5.2 节，看到每一个设备的动态图标边上都还有一些字符图片的状态标志，如图 5-63 所示。

图 5-63　动态图标

随着设备的状态不同，不同的标志符号会显示。那么这些动态功能是如何实现的呢？我们随便打开 4 个设备中的任何一个 fpt 面板类型文件（所有面板所实现的方法都是一样的），如图 5-64 所示。

选择其中每个符号图片，看到其动态状态连接到了 bERR 之类的变量。这些变量属于面板变量，如图 5-65 所示。

而这些变量的值来自哪里呢？

从面板的图形元素列表中可以找到一个名称为 TRIGGER_QdwState 的输入/输出域，其字体加黑，代表其有程序，在事件页输出值的更改中看到有 VB 动作，如图 5-66 所示。

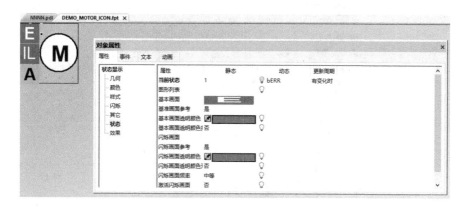

图 5-64 fpt 面板类型文件

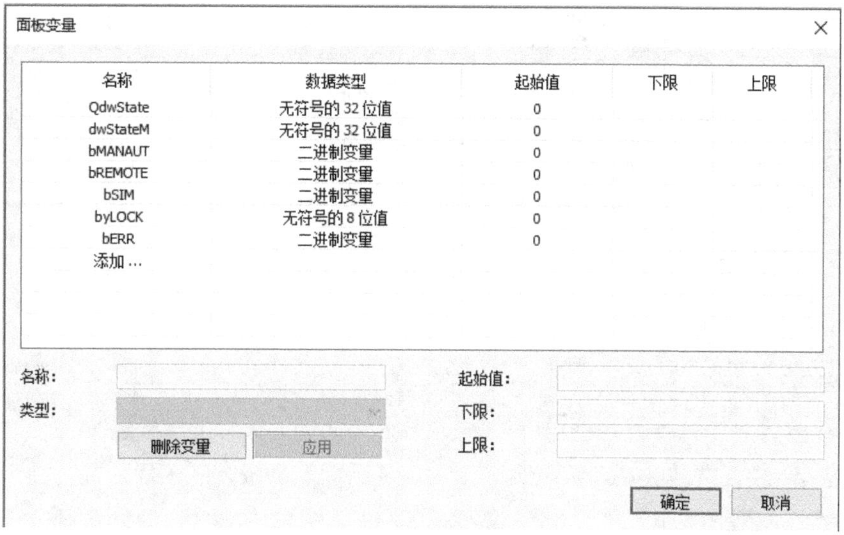

图 5-65 面板变量

打开后，看到了程序中对输入/输出域当前 Item 的 value 值拆位，得到了变量列表中的这些 SmartTags 的值，如图 5-67 所示。

如果对照状态字的位定义，以及程序的注释，就很容易对应上了，如图 5-68 所示。

举个例子，状态字中 QMAN_AUT 在第 16 位，程序中将 value 值与十六进制的 000010000 做与逻辑，后面的 4 个 0 每个 0 代表了 4 bit，所以是 0 ~ 15 的 16 bit，1 所在的位置就正好是第 16 位了。如果这一位的状态为 1，那么运算的结果就是 1，如果这一位为 0，运算的结果即为 0。如此得到了面板变量 "bMANAUT" 的值。

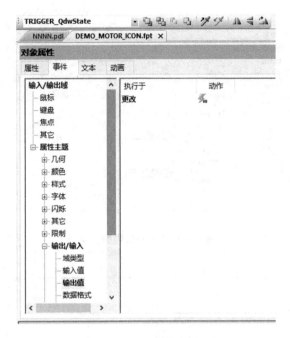

图 5-66　事件页

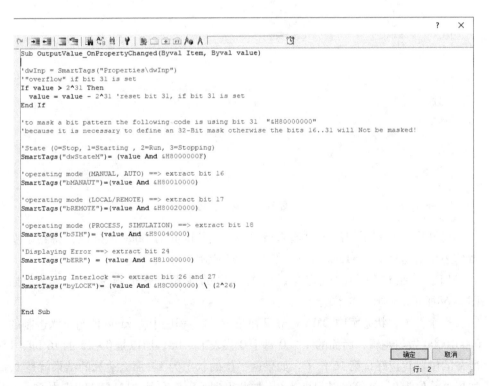

图 5-67　VB 脚本

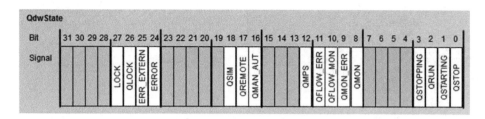

图 5-68　状态字的位定义

而这个输入/输出域"TRIGGER_QdwState"的值是怎么连接到设备的状态字的呢?

在组态面板类型的对话框中,我们看到了它的 OutputValve 属性被拖到属性窗口中,生成了一个称为 QdwState 的属性,如图 5-69 所示。在例子画面所产生的面板实例的属性中,我们同样看到了这个 QdwState 属性,如图 5-70 所示。

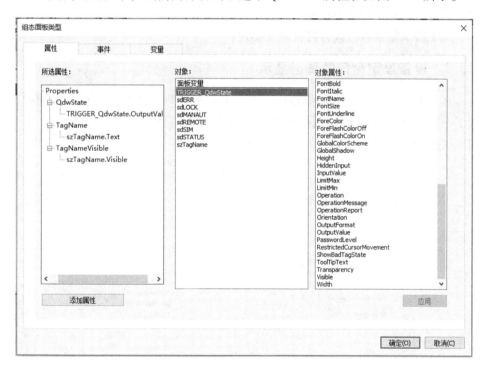

图 5-69　组态面板类型

其动态值绑定到了来自 PLC 的 FB 的背景数据块中的状态字接口。

由此,我们以倒查的方式明白了一个状态字被传送到 WinCC 后是如何传给面板图标,并在图标中实现动态显示的。而这个过程,其实也是正常设计的过程步骤。

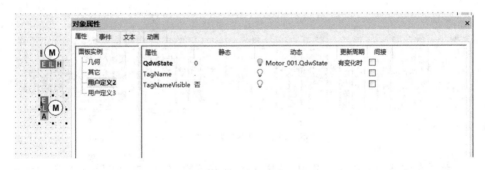

图 5-70   对象属性

由此，我们掌握了这个实现方法，一些类似的需求就可以通过同样的途径实现。比如，模拟量数据，国内大多数行业不喜欢图标的模式，这种模式左侧有一批符号占据太多空间，工程师希望是针对 AI 变量不同的状态，比如直接由数值的背景色来实现动态提示。

这个需求留给各位读者自行独立实现。

5.3.2   设备设定窗口的弹出显示

在当下这个版本的 BST 例程中，弹出窗口的实现方法是，在运行画面中放置了一个子窗口，窗口调用的画面为设备的窗口主画面，如电机设备，则为 DEMO_MOTOR_MAIN. pdl，如图 5-71 所示。

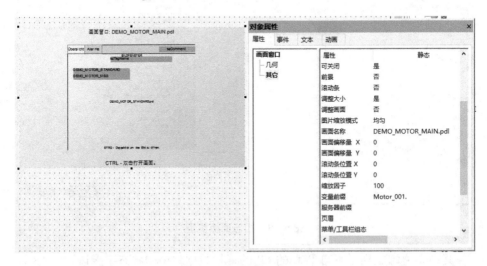

图 5-71   弹出式子窗口

画面的变量前缀则为设备变量的前缀，即我们在第 4 章中所重点谈及的设备位号，在这里出现了。

变量前缀的功能实现了在窗口画面内的所有控件的绑定变量，只需要固定的后缀的变量名，系统自动拼接前缀和后缀，成为一个完整的变量名，并从 WinCC 变量中读取或设定其数值。

打开 MAIN 画面，可以看到它其实也是窗口嵌套的，通过顶端的两个按钮，切换窗口的画面名称，实现窗口的切换，如图 5-72 所示。

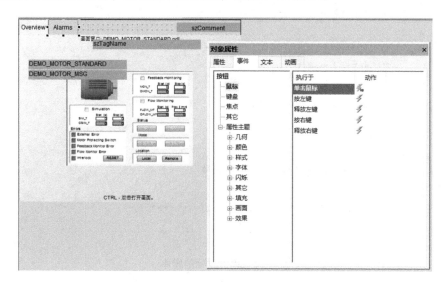

图 5-72　MAIN 画面

具体的脚本，如图 5-73 所示。

objPicWdw. ScreenName = objText. Text 指令是实现主要功能的指令，把画面对象 szView02 的内容送到了窗口的 ScreenName，即画面名称中。

szView01、szView02 是一组运行中隐藏的静态文本，只在设计状态可见，用于把各窗口的文件名称输入设置在此。因而需要修改时，不需要修改程序中的内容。

程序中，前面的部分则在设置当前按钮和其他按钮的颜色，突出显示当前窗口所对应的按钮，以实现类似标签页的效果。

可以看出在模板画面的设计中，要想最终的效果好看，用户舒适度高，背后每一个细节都少不了精心打磨。这是我们一再强调要尽量借用现成的完成度好的库的原因。

5.3.3　设备窗口的报警视图

我们知道，WinCC 中存储来自设备信息报警的只有一个数据库。在正常的报警窗口打开时，整个系统发生的所有报警均按照时间顺序或者编号顺序显示在其中。

```
Sub OnClick(ByVal Item)

Dim B1, B2, objText, objPicWdw,L1, L2

Set objText = ScreenItems("szView02")
Set objPicWdw = ScreenItems("WND_WORK")

Set B1 = ScreenItems("Button1")
Set B2 = ScreenItems("Button2")


Set L1 = ScreenItems("Linie1")
Set L2 = ScreenItems("Linie2")


B1.BackColor = RGB(214,214,214)
B2.BackColor = RGB(243,243,243)


L1.Color = RGB(214,214,214)
L2.Color = RGB(243,243,243)


objPicWdw.ScreenName = objText.Text

End Sub
```

图 5-73　单击鼠标的脚本

　　然而，对于模块化的架构，就需要在操作特定的设备时，只对这个设备相关的报警信息进行查询和操作处理。所以 BST 例程中对所有设备类型均设计了 ALARMS 报警页面，均在其中实现了过滤显示。

　　打开 MSG. pdl 窗口画面，在未选中画面上的任何图形对象的情况下打开属性对话框，调出的是画面的属性，在画面的"打开画面"事件中，发现 C 程序脚本，如图 5-74 所示。

　　脚本的解读：程序通过上一级的窗口，即 MAIN. pdl 画面中一个称为 szTag-Name 的画面对象的 TEXT 属性读到了变量名，并作为报警控件的过滤条件。

　　打开 MAIN 画面，果然找到了有一个对象称为 szTagName，这是一个静态文本，本身并没有链接任何程序。然后在窗口画面的打开画面事件中，发现了 C 程序脚本，如图 5-75 所示。

　　其中对 szTagName 的赋值操作的具体内容是将整个子窗口在弹出时的变量前缀成功读取出来。变量前缀的内容还同时被送给了 szComment，经核查，是窗口右上角的一个文字框，说明运行中窗口弹出时，右上角能实时显示当前设备的位号，这也是由这里所实现的。

　　这里为什么要经过一个静态的文本变量，而不是使用一个内部变量来传递所得到的前缀内容呢？

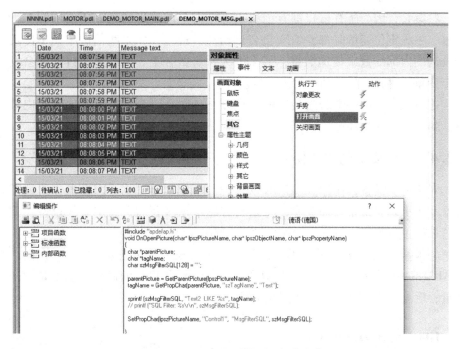

图 5-74　ALARMS 画面 C 程序脚本

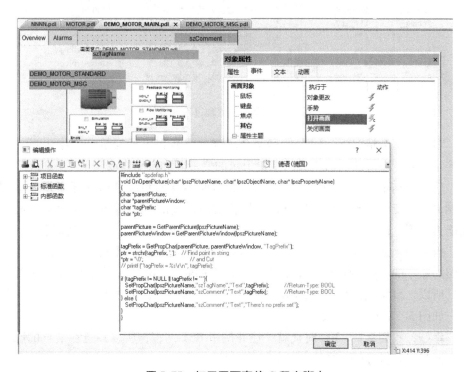

图 5-75　打开画面事件 C 程序脚本

答案是，因为所有窗口都有前缀，对于窗口内调用的画面所使用的 WinCC 变量，系统定位变量时都会给变量名自动补齐前缀，如果我们试图简单使用一个全局的内部变量来传递数据，那么因为系统给补上了前缀，运行中就会发现这个变量不存在，导致功能无法实现。

这里给了我们一个绕过前缀的实现方法，而且因为不需要单独建立内部变量，封装和可移植性也比较好。

5.3.4 画面窗口的趋势图

对于一些设备，比如 ANALOG 块，包含了模拟量数据，因而操作时就需要查看其历史趋势记录。而其实，将来会有越来越多我们自己定义的设备类型需要监视模拟量数据运行值，因而也同样需要查看历史趋势。

与报警信息一样，WinCC 的变量记录也是一个单独的模块。然而，与 ALARM 不一样的是，WinCC 中趋势变量名称与来自 PLC 的通信变量不是同一个变量，后者称为过程变量，如图 5-76 所示。

归档 [SystemArchive]			查找
过程变量	变量类型	变量名称	归档名称
1	Analog_001.OP_HI_LIM	模拟量	Analog_001.OP_HI_LIM	SystemArchive
2	Analog_001.OP_LIM_LLA	模拟量	Analog_001.OP_LIM_LLA	SystemArchive
3	Analog_001.OP_LIM_LLW	模拟量	Analog_001.OP_LIM_LLW	SystemArchive
4	Analog_001.OP_LIM_ULA	模拟量	Analog_001.OP_LIM_ULA	SystemArchive
5	Analog_001.OP_LIM_ULW	模拟量	Analog_001.OP_LIM_ULW	SystemArchive
6	Analog_001.OP_LO_LIM	模拟量	Analog_001.OP_LO_LIM	SystemArchive
7	Analog_001.OP_SIM_Value	模拟量	Analog_001.OP_SIM_Value	SystemArchive

图 5-76 变量名称和过程变量

尽管大多数情况下，两者的名字会一样，只有在过程变量名字中出现了不兼容字符时，系统才会对生成的变量记录的变量名称自动修改。

然而，这带来了一个最大的困扰，这里原本需要系统自动补齐变量前缀的功能，因为变量不再是过程变量，所以在前面讲述的 ALARMS 中绕过变量前缀功能失灵了，即不可以简单给趋势图控件的相关曲线设置其变量的后缀名。

因而必须通过编程的方式来实现这一点。实现的过程比较复杂，甚至当下介绍的版本的 BST 例程这里压根没做，就简单绑定了位号 Analog_001. OUT 的变量，所以，事实上例程只能调出显示 1 个实例的曲线，再多的就只能手动实现了，如图 5-77 所示。

幸好，我们从 S7-300 时代就关注并使用 BST 例程，所以知道在最早的版本里，西门子是做过的。在窗口的打开事件中：

图 5-77　在线趋势变量绑定

```
#include"apdefap. h"
    void OnOpenPicture (char * "lpszPictureName, char * "lpszOb-
jectName,char * "lpszPropertyName)
    {
    char * "parentPicture;
    char * "tagPrefix;
    char TrendTagName[128] = "";
    char TrendArchive[128] = "SystemArchive\\";
    //char TrendArchive[128] = "";
    float low,high;
    low = GetTagFloat("OP_LO_LIM");//Return-Type:float
    high = GetTagFloat("OP_HI_LIM");//Return-Type:float
    parentPicture = GetParentPicture(lpszPictureName);
    tagPrefix = GetPropChar(parentPicture,"szTagName","Text");
```

```
    SetPropDouble(lpszPictureName,"Control1","TrendCount",5);
    SetPropDouble (lpszPictureName,"Control1","ValueAxisBeg-
inValue",low);
    SetPropDouble (lpszPictureName,"Control1","ValueAxisEnd-
Value",high);
    //trend1-Actual value
    SetPropDouble(lpszPictureName,"Control1","TrendIndex",0);
    sprintf ( TrendTagName,"% s% sQOUT", TrendArchive, tagPre-
fix);
    //printf("% s\r\n",TrendTagName);
    SetPropChar (lpszPictureName," Control1 "," TrendTagName ",
TrendTagName);
    //SetPropDouble (lpszPictureName," Control1 "," TrendCol-
or",CO_GREEN);
    //trend2-limit 01
    SetPropDouble(lpszPictureName,"Control1","TrendIndex",1);
    sprintf ( TrendTagName,"% s% sOP _ LIM _ LLA", TrendArchive,
tagPrefix);
    //printf("% s\r\n",TrendTagName);
    SetPropChar (lpszPictureName," Control1 "," TrendTagName ",
TrendTagName);
    //SetPropDouble (lpszPictureName," Control1 "," TrendCol-
or",CO_RED);
    //trend3-limit 02
    SetPropDouble(lpszPictureName,"Control1","TrendIndex",2);
    sprintf ( TrendTagName,"% s% sOP _ LIM _ LLW", TrendArchive,
tagPrefix);
    //printf("% s\r\n",TrendTagName);
    SetPropChar (lpszPictureName," Control1 "," TrendTagName ",
TrendTagName);
    //SetPropDouble (lpszPictureName," Control1 "," TrendCol-
or",CO_YELLOW);
    //trend4-limit 03
    SetPropDouble(lpszPictureName,"Control1","TrendIndex",3);
    sprintf ( TrendTagName,"% s% sOP _ LIM _ ULW", TrendArchive,
```

```
tagPrefix);
    //printf("% s\r\n",TrendTagName);
    SetPropChar (lpszPictureName," Control1 "," TrendTagName ",
TrendTagName);
    //SetPropDouble (lpszPictureName," Control1 "," TrendCol-
or",CO_YELLOW);
    //trend5-limit 04
    SetPropDouble(lpszPictureName,"Control1","TrendIndex",4);
    sprintf( TrendTagName,"% s% sOP_LIM_ULA", TrendArchive,
tagPrefix);
    //printf("% s\r\n",TrendTagName);
    SetPropChar (lpszPictureName," Control1 "," TrendTagName ",
TrendTagName);
    //SetPropDouble (lpszPictureName," Control1 "," TrendCol-
or",CO_RED);
    SetPropBOOL(lpszPictureName,"Control1","Online",0);
    SetPropBOOL(lpszPictureName,"Control1","Online",1);
    return;
    }
```

脚本的功能实现了上面描述的需求。然而要成功应用到 S7-1500 PLC 系统中，还需要调试与磨合。其中需要注意的是，归档数据库的名字是 "SystemArchive"，如果归档的名称不一致，会导致历史曲线不能查询到。

观察历史趋势图的功能不仅在模拟量，而且会有一些设备，比如一些变频器驱动的电机，可能需要记录变频器的电流和频率，这时就需要一个专用的变频电机类的设备，而其上位机面板模板中需要包含曲线功能，对其模板的设计开发就可以参考上面的介绍。

5.4　BST 例程的缺陷与改进

尽管我们一再夸赞 BST 例程是非常棒的例程，非常适合标准化架构来使用作为基本设备的库函数，然而，毕竟西门子工程师在开发它时，有可能当时的 PLC 和 WinCC 的软硬件平台还不能支持标准化架构，所以它还是有一些天生的缺陷，在我们要吸纳到标准化架构之前需要首先予以改进。

我们对改进的原则是，除非万不得已，尽量不改动其原有的程序逻辑和接口，只对影响标准化方法的部分加以改进。如果我们的行业工艺与其差异较大，我们尽量通过封装后再继承的方式，重新生成一个设备类，实现需要的功能。

这样，如果西门子对 BST 例程发布了新版本，而我们又愿意随之升级的话，后面的改动和调试工作量可以比较小。

5.4.1　符号寻址

对于标准化编程来说，符号寻址是一个非常重要的指标，甚至可以作为一个先决条件。

比如在 TIA Portal 之前的 S7-300/400 的 STEP 7 系统，寻址方式都是按绝对地址的。每个变量都有个绝对地址，在 FB 中则有个对应于 DB 内的地址，对应到 WinCC 的结构变量则需要有一个偏移量地址。

WinCC 要与 PLC 通信，这两套地址必须是严格对应的。任何一方修改，另一方必须跟随修改，否则就会导致大片的变量通信不上。

比如，FB 的引脚中在开始设计时考虑不充分，少设计了一个引脚。设备调试到后半段，发现需要插入增加一个引脚。而增加以后，排在其后面的引脚的地址全都错位了，WinCC 中需要重新修改。而尤其可怕的是，FB 的地址是从 INPUT 到 OUTPUT 到 INOUT 到 STATIC 排布下来的。所以，修改一个 INPUT 变量，影响到的不仅仅是 INPUT，后面的所有变量都被影响到了。

所以，我们在 STEP 7 时代设计 FB 时，绝对要小心翼翼，有时候要预留些占位的垃圾引脚，以防后面的修改导致错位。而真到了调试后期不得不增加时，也情愿以打补丁的方式手动增加变量，而不肯改动程序块结构。即便再换个新项目，明知道这里有缺陷，也都很难改进，因为改动的成本太大了。

所以，看起来都是一样的模块化，但这种模块化是非常落后的，不利于实现标准化的。我们要的标准化，是所有模块可以并行更新迭代的模块化。系统中的每一个模块单元，在需要升级时，都可以毫无负担地升级，不因其局部的改变而影响到全局。

符号寻址在这个方面就大大优于绝对地址寻址。一个模块单元中，不管这个引脚在哪个位置，地址可以变化，但只要名字不变，访问总是有效的。

Portal 中的程序块支持一种优化寻址的模式，不再要求所有地址都必须有明确的地址。BST 例程的块还都是非优化块。虽然使用非优化块也可以实现符号寻址，但在其他方面优化块更优，所以我们需将其统一更改为优化块。

符号寻址的一大障碍在 WinCC。不管是 WinCC 7.X，还是 Portal WinCC，其中的结构变量定义都是基于偏移量的，因而本质上都是基于绝对寻址的。Portal WinCC 由于和 PLC 程序通常集成在一个程序中，结构变量的改动可以实现自动同步，但在 WinCC 7.X 中，我们绝不能使用其传统的结构变量。

WinCC 在 V7.3 之后支持从 AS 上传变量，在 WinCC 运行且与 PLC 通信正常的情况下，在驱动链接的右键菜单中选择"AS 符号→从 AS 中读取"，如图 5-78 所示。

图 5-78　AS 变量上传

所有变量都以符号寻址读了上来，如图 5-79 所示。

	名称	数据类型	长度	连接	组	地址
1	Analog_DB_BIPOLAR	二进制变量	1	DEMO_1500		0001:TS:0:8A0E0280.66402034.F
2	Analog_DB_Condition_Enable_LLA	二进制变量	1	DEMO_1500		0001:TS:0:8A0E0280.A0340892.5A
3	Analog_DB_Condition_Enable_LLW	二进制变量	1	DEMO_1500		0001:TS:0:8A0E0280.BF89D2C5.59
4	Analog_DB_Condition_Enable_ULA	二进制变量	1	DEMO_1500		0001:TS:0:8A0E0280.173EAC3D.57
5	Analog_DB_Condition_Enable_ULW	二进制变量	1	DEMO_1500		0001:TS:0:8A0E0280.883766A.58
6	Analog_DB_Condition_SEF_L_RESET_Link	二进制变量	1	DEMO_1500		0001:TS:0:8A0E0280.B5A38D11.61
7	Analog_DB_ERR_EXTERN	二进制变量	1	DEMO_1500		0001:TS:0:8A0E0280.6EF2B3FC.A
8	Analog_DB_HI_LIM	32-位浮点数 IEEE 754	4	DEMO_1500		0001:TS:10:8A0E0280.14E77DAC.13
9	Analog_DB_IN	32-位浮点数 IEEE 754	4	DEMO_1500		0001:TS:10:8A0E0280.8085FEFB.11
10	Analog_DB_IN_INT	有符号的 16 位值	2	DEMO_1500		0001:TS:7:8A0E0280.EB6ADD6B.10
11	Analog_DB_IN_MODE	二进制变量	1	DEMO_1500		0001:TS:0:8A0E0280.F47E1A3F.E
12	Analog_DB_IN_SIM	二进制变量	1	DEMO_1500		0001:TS:0:8A0E0280.A4AD70E6.12
13	Analog_DB_INSTANCE	文本变量 8 位字符集	254	DEMO_1500		0001:TS:13:8A0E0280.B77D8280.1F
14	Analog_DB_L_RESET	二进制变量	1	DEMO_1500		0001:TS:0:8A0E0280.1686A348.D
15	Analog_DB_L_SIM	二进制变量	1	DEMO_1500		0001:TS:0:8A0E0280.5887D068.C
16	Analog_DB_LIM_HYS	32-位浮点数 IEEE 754	4	DEMO_1500		0001:TS:10:8A0E0280.B0BCB94D.1E
17	Analog_DB_LIM_HYS_Set	二进制变量	1	DEMO_1500		0001:TS:0:8A0E0280.23D6B372.1D
18	Analog_DB_LIM_LLA	32-位浮点数 IEEE 754	4	DEMO_1500		0001:TS:10:8A0E0280.A82D2029.1C
19	Analog_DB_LIM_LLA_Enable	二进制变量	1	DEMO_1500		0001:TS:0:8A0E0280.A90532BD.1B
20	Analog_DB_LIM_LLW	32-位浮点数 IEEE 754	4	DEMO_1500		0001:TS:10:8A0E0280.B790FA7E.1A
21	Analog_DB_LIM_LLW_Enable	二进制变量	1	DEMO_1500		0001:TS:0:8A0E0280.F6FFE3C4.19
22	Analog_DB_LIM_ULA	32-位浮点数 IEEE 754	4	DEMO_1500		0001:TS:10:8A0E0280.1F278486.16
23	Analog_DB_LIM_ULA_Enable	二进制变量	1	DEMO_1500		0001:TS:0:8A0E0280.BE1D5BC2.15
24	Analog_DB_LIM_ULW	32-位浮点数 IEEE 754	4	DEMO_1500		0001:TS:10:8A0E0280.9A5ED1.18
25	Analog_DB_LIM_ULW_Enable	二进制变量	1	DEMO_1500		0001:TS:0:8A0E0280.E1E78ABB.17
26	Analog_DB_LIOP_SEL	二进制变量	1	DEMO_1500		0001:TS:0:8A0E0280.DF36EC77.B

图 5-79　WinCC 变量表

可以看到，变量不再以结构变量形式，而是以"Analog_DB_QOUT"等命名方式平铺式读取到变量表中。与结构变量名称的区别仅仅是分隔符从点"."

变成了下划线"_"。

而因为 WinCC 的变量前缀等对分隔符号并不敏感，无论什么字符都可以使用，它只是实现简单拼接。所以这种命名方式是可以接受的，也可以当作结构变量来使用。

如此上传得到的变量，地址是以如"0001：TS：10：8A0E0280.2E7830BD.24"等格式定义的，但与我们无关，我们既读不懂也不可以修改，所以忽略即可。

如果 PLC 程序结构发生变化，变量需要重新上传更新，只需要简单重复上面的步骤即可。

5.4.2　WinCC 变量的建立

在线读取 AS 符号的方式，是把变量中勾选了"从 HMI/OPC UA/Web API 可访问"的所有数据都自动读上来，如图 5-80 所示。

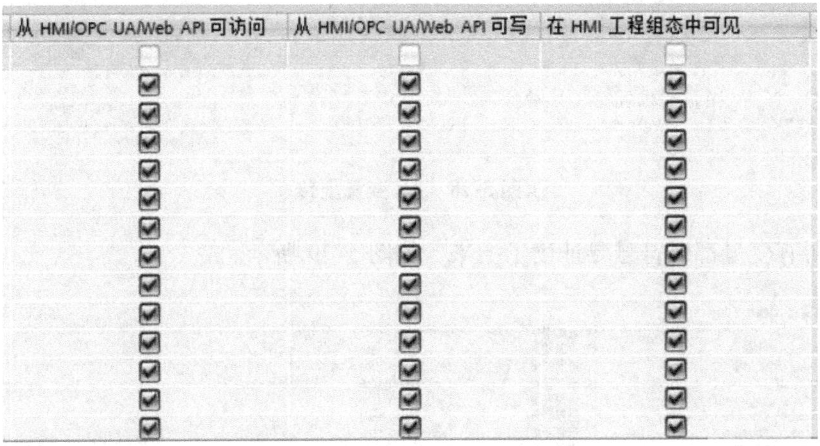

图 5-80　从 HMI/OPC 可访问

这些变量分布在以下三个部分：

1）PLC 变量表。

2）全局 DB。

3）FB 生成的背景数据块（IDB），模式在 FB 中设置。

传统 STEP 7 里，其变量默认都不能上传，个别需要上传 WinCC 的变量，需要做特殊的处理。参考旧的 STEP 7 的文档。

而新的 Portal 系统不一样了，Portal 里的变量默认都是对 WinCC 可见的。

如果按照默认的所有数据都上传，一是浪费 WinCC 软件的点数，二是太多变量都传上来，造成了大量的垃圾数据，反而导致实际使用中，要选择变量时不方便。所以我们制定的原则是，①每个有用的变量都上传；②每一个上传的变量都有用。即需要精心设置 PLC 中变量的勾选，绝不多选一个变量，也不少选一个变量。

同时根据标准化设计的方法，WinCC 所用到的与 PLC 通信的数据全部来自设备对象，所以，PLC 变量表和全局数据块在建立数据时，都需要把默认的勾选清除。而各设备的库函数块的 FB 中，则按照前文描述的需要传到 WinCC 的变量，逐个挑选、选中，而不需要上传的，则全部清除。由此实现了只需要WinCC 联机模式，所有变量在几秒之内就可以完成建立。如果程序有更新，变量有增减，那么即便全部删除，再重新建立，也仍然是秒级的。由此极大地提高了效率。比起传统的通过维护一个 Excel 表格的 WinCC 变量表，效率提高了百倍以上。

所以，原始 BST 例程文档中所传授的为各设备类型建立结构变量的方法，被我们彻底抛弃不用了。

5.4.3　库函数的引脚太多

如前文介绍每个库函数时的截图所示，每个库函数 INPUT、OUTPUT 引脚加起来动辄 30~40 个，而实际实例化使用时，可能用到的引脚最多也就 3~4 个。那么多引脚，不管 LAD 梯形图调用还是 SCL 文本程序调用，占用的程序行数都太多。

比如 SCL 中：

```
"Motor_DB"(LOCK:=false,
           ERR_EXTERN:=false,
           LIOP_SEL:=false,
           L_AUT:=false,
           L_REMOTE:=false,
           L_SIM:=false,
           L_RESET:=false,
           AUT_ON:=false,
           MAN_ON:=false,
           SIM_ON:=false,
           FB_ON:=false,
           L_MON:=false,
           MON_T:=t#5s,
           MON_T_STOP:=t#5s,
           MPS:=false,
```

```
L_FLOW_MON: = false,
FLOW: = 0.0,
FLOW_LL: = 5.0,
FLOW_MT: = t#8s,
INSTANCE: = 'Motor_001',
RESTART: = false,
QdwState = >_dword_out_,
QwState = >_int_out_,
QSTOPPING = >_bool_out_,
QSTOP = >_bool_out_,
QSTARTING = >_bool_out_,
QRUN = >_bool_out_,
QCMD_ON = >_bool_out_,
QMON = >_bool_out_,
QMON_ERR = >_bool_out_,
QMON_T = >_time_out_,
QMON_T_STOP = >_time_out_,
QFLOW_MON = >_bool_out_,
QFLOW_MT = >_time_out_,
QFLOW_ERR = >_bool_out_,
QMPS = >_bool_out_,
QMAN_AUT = >_bool_out_,
QREMOTE = >_bool_out_,
QSIM = >_bool_out_,
QLOCK = >_bool_out_,
QERR = >_bool_out_,
QERR_EXT = >_bool_out_,
QwAlarm = >_word_out_,
VISIBILITY: = _byte_inout_,
OPdwCmd: = _dword_inout_);
```

如果每个设备对象实例都这么冗长地调用，那绝对是一种灾难。程序根本没法翻看，也更没法查错。

然而，这么多引脚又都是需要的。有的子设备类型用不到的引脚却是其他子设备类型需要用到的。而且其中一部分 INPUT 是作为输入参数的，一部分 OUTPUT 是作为运行状态的，只是在调试时方便，所以不大可能简单去掉。

我们的方法是，对这些引脚保留，然而可以对每个引脚的附加属性设置隐藏，如图 5-81 所示。

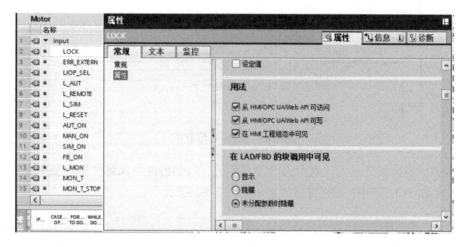

图 5-81 隐藏引脚

具体的操作方法：选中单个引脚，然后调出右下角的属性窗口，找到"在 LAD/FBD 的块调用中可见"，每个引脚默认设置为显示，这里设置为"未分配参数时隐藏"。

这样，当一个实例中的引脚未被绑定实参时，或参数值是默认值时，是隐藏不可见的。而只有这个引脚被使用了，被赋值绑定了实参，或者修改了参数值，那么它才是显示的。

比如，当一个子类的电机使用反馈信号监控时，调用之后如图 5-82 所示。

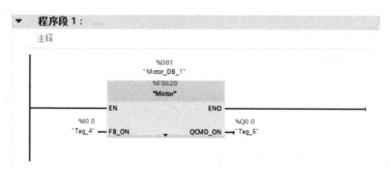

图 5-82 引脚隐藏后的块调用

而换一种子类，有故障信号送到 MPS 引脚，调用时的显示如图 5-83 所示。

由此，实现了同一个库函数块应对不同的子设备的引脚应用需求。

注意，每个变小了的梯形框图下栏多了一个倒三角，操作中点开这个三角，

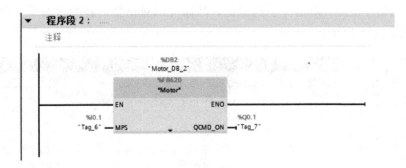

图 5-83　MPS 引脚显示

更多的引脚会展开显示，对引脚增加实参后，收起后就会保留在显示图中了。

而在 SCL 调用中，收缩后的显示如图 5-84 所示。

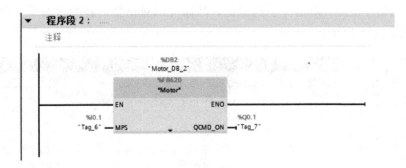

```
程序段 3：   ......
   注释
 1 ⊟"Motor_DB_1"(FB_ON:="Tag_1",
 2  └          QCMD_ON=>"Tag_5");
 3  │
```

图 5-84　SCL 调用

如果需要显示未用的引脚以修改程序，可以在变量位置右键关联菜单中，选择显示所有参数。修改后再改回。

这里同时给出一个建议，在编程时既可以选择 LAD，也可以选择 SCL，但在建立 FC 和 FB 时建议选择 LAD，因为 Portal 支持在 LAD 的程序块中随时插入 SCL 程序段。

5.4.4　设备的时间参数

BST 库函数的 4 个类型中都有把时间值放在形参上作为参数，同时也有输出的时间值用来监控运行值。

在 S7-1200/1500 PLC 中，定时器的时间格式是 TIME，BST 库函数就直接把这个 TIME 数据格式放到引脚上来了。TIME 的数据格式本质上是 ms 为单位的 DWORD，所以其数据显示到 WinCC 后是以 ms 为单位的数。

而这个数值的单位太小，导致数值太大。比如 5s，显示为 5000ms，用户是不可以接受的。所以 BST 例程的处理方式是在结构变量建立时又经过了比例变换，所有时间参数除以 1000。

然而在变量中做线性变换的方法需要太多的手动操作，工作量太大，而且容易出各种错误，我们前面在学习 BST 例程时其实发现它们的时间参数就有错误，只是未提起而已。

WinCC 提供有变量的线性变换功能，然而这个功能全部需要手动实现，对自动化批量操作来说，是个负担，所以标准化编程方法中应该尽量避免使用这个功能。

另外，简单除以 1000 得到的整数精度又变差了。一些工艺场合，如果时间参数需要设置为小于 1s 的值，比如 0.5s，这里又无能为力了，导致设备模板对话框内的时间参数（见图 5-85）不能对所有设备都通用。

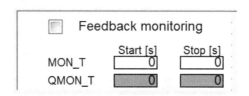

图 5-85　时间参数

所以我们需要转换为一个更通用的数据格式。其实最好用的是以 s 为单位的浮点数。在定时器计时能力范围内的大的时间值都可以表达，而即便小到 1ms 的值，也不过是 0.001s 而已。

转换的方法有两种，一种是更改 L1 设备库函数的程序，对每个时间参数都做双向格式转换，另一种是把系统原本的定时器都封装后重新改造，时间参数为浮点数。使用哪种方法完全取决于工程师个人偏好。难度不大，各位读者可自行完成并储备自用。

时间参数的格式统一改为浮点数的好处还在于，将来在工艺参数中物理值和时间值都同样作为参数并列时，由于格式是相同的，表格处理等都比较方便。

更精细的设计是，在图 5-85 中，当时间参数小于 1s 时，如果需要自动以更小的物理单位 ms 来显示，完全可以单独在 WinCC 窗口画面中以编程实现自动判断来完成。在不影响模板统一性的情况下，实现了针对个别实例的个性化。

5.4.5　设备参数的掉电保持

包括上述时间参数以及模拟量的报警限制值等的参数，在 PLC 运行期间通过 WinCC 可以修改，但同时也需要掉电保持功能。否则，如果 PLC 掉电一次，重新启动后恢复了默认初始值，也会给操作人员带来相当大的麻烦。

BST 例程显然还都没有考虑过这一点，所以如果简单拿来使用，都是有缺陷的。

关于参数的掉电保持，在 S7-1200/1500 PLC 中，有 2 种设置方式，分别针对优化块和非优化块。

对于优化块，FB 每条数据可以单独设置掉电保持或非保持或在 IDB 中设置，如图 5-86 所示。

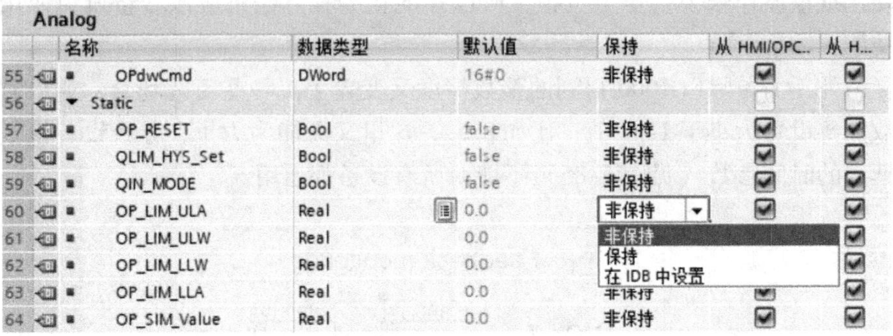

图 5-86　掉电保持

对于非优化块，则在 FB 的接口中没有设置选项，需要在每个实例的 IDB 中单独设置。而且，设置为保持时，不可以对单个数据单选，只要选择一个数据为保持，则整个数据块的其他数据行也都同时被勾选了，如图 5-87 所示。

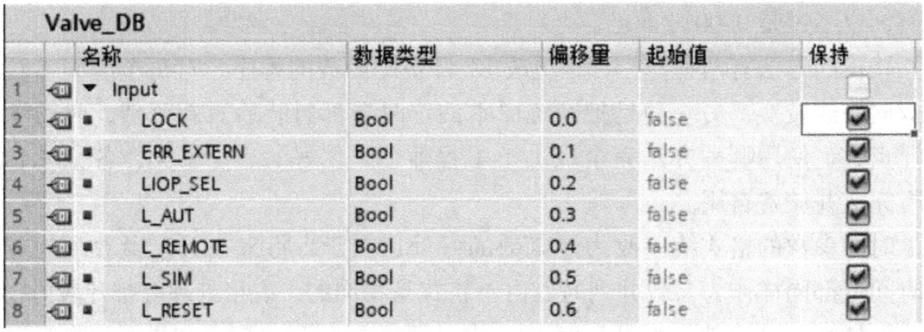

图 5-87　非优化数据块的保持

这使一些没有必要保持的数据也仍然被保持存储。然而，CPU 的掉电存储器资源是有限的。

在整个项目被编译后，打开菜单栏的工具→资源，可以调出当前资源的使用情况，如图 5-88 所示。

每个型号的 CPU 的资源数量不一样，如 CPU 1512SP，资源总共 90KB，而一个 AI 块的所有数据量为 604B，即如果全部为模拟量的话，150 个 AI 设备实例就用光了。

而如果是 CPU 1214，其保持存储区只有 10KB，17 个 AI 实例就能耗光，如图 5-89 所示。

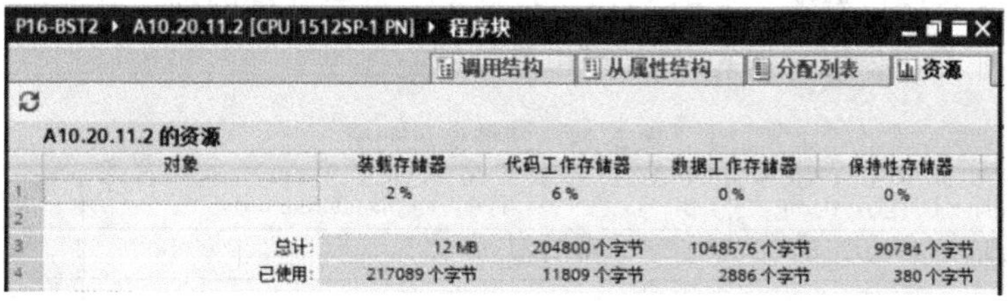

图 5-88　CPU 1512SP 资源

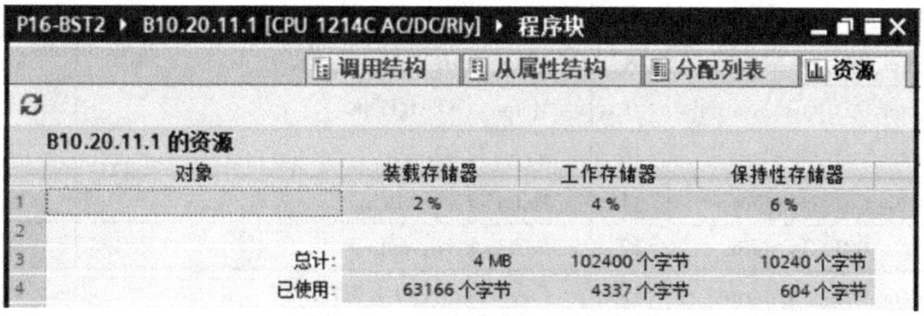

图 5-89　CPU 1214 资源

而不管对于 S7-1500 PLC 还是 S7-1200 PLC，实际工程中所包含的设备实例绝不止这个数量。尤其对标准化编程方法来说，设备全是由 FB 实现的，数据全部存在 IDB 中，如果不加管理放任使用，大部分的项目最后都会在保持区上出问题。所以解决方案是尽量使用优化块结构，精心挑选只存储需要存储的数据。

优化块以及符号寻址方式是 PLC 系统发展的方向，除了要和过去的旧系统对接的原因有可能不得已必须用到非优化块及绝对寻址的方法之外，现有系统框架内，所有功能都可以以符号寻址方法实现。即如果一个系统指令只支持非优化的数据结构，那么一定也可以找到一个全优化环境内的替代方法。

绝对值寻址的编程方式不适合封装和标准化，所以要习惯于逐渐减少那些依赖非优化绝对值寻址的非优化指令。我们的标准化示范项目中，就实现了全部块和全部指令都是优化的。证明完全可行。而且，随着西门子软件系统升级和更多指令功能加入，使用会越来越便捷。

5.4.6　WinCC 报警信息生成（S7-1200 PLC）

BST 例程的文档中，报警信息生成的章节指导我们按照顺序逐条生成报警信息。每一条信息的工作包括选择变量名、位，输入报警文本、区域等。然而，我们在实际设计中，完全可以直接复制例程中现成的报警信息列表来使用。

现在西门子的各种软件与 Excel 兼容性都非常好。直接选择一个设备的报警信息列表，复制粘贴到 Excel 中。然后从一个复制到多个，并替换其中的变量名和区域名为正确位号名。见表 5-14，只显示了重要数据的列，其他的列只是隐藏，其实还都在。第一列的 ID 列可以删除留空。

表 5-14　报警信息列表

Motor_001_QwAlarm	0	Feedback monitoring error		Motor_001
Motor_001_QwAlarm	1	Dry-running monitoring triggered		Motor_001
Motor_001_QwAlarm	2	Motor protection switch triggered		Motor_001
Motor_001_QwAlarm	4	Lock, motor switched off		Motor_001
Motor_001_QwAlarm	6	External error		Motor_001
Motor_001_QwAlarm	7	General error		Motor_001
Motor_001_QwAlarm	8	Motor is OFF		Motor_001
Motor_001_QwAlarm	9	Motor is STARTING		Motor_001
Motor_001_QwAlarm	10	Motor is ON		Motor_001
Motor_001_QwAlarm	11	Motor is STOPPING		Motor_001
Motor_001_QwAlarm	12	Interlock is pending		Motor_001
Motor_001_QwAlarm	13	Controller = > REMOTE		Motor_001
Motor_001_QwAlarm	14	Operating mode = > AUTOMATIC		Motor_001
Motor_001_QwAlarm	15	Simulation is active		Motor_001
Motor_002_QwAlarm	0	Feedback monitoring error		Motor_002
Motor_002_QwAlarm	1	Dry-running monitoring triggered		Motor_002
Motor_002_QwAlarm	2	Motor protection switch triggered		Motor_002
Motor_002_QwAlarm	4	Lock, motor switched off		Motor_002
Motor_002_QwAlarm	6	External error		Motor_002
Motor_002_QwAlarm	7	General error		Motor_002
Motor_002_QwAlarm	8	Motor is OFF		Motor_002
Motor_002_QwAlarm	9	Motor is STARTING		Motor_002
Motor_002_QwAlarm	10	Motor is ON		Motor_002
Motor_002_QwAlarm	11	Motor is STOPPING		Motor_002
Motor_002_QwAlarm	12	Interlock is pending		Motor_002
Motor_002_QwAlarm	13	Controller = > REMOTE		Motor_002
Motor_002_QwAlarm	14	Operating mode = > AUTOMATIC		Motor_002
Motor_002_QwAlarm	15	Simulation is active		Motor_002
Motor_003_QwAlarm	0	Feedback monitoring error		Motor_003
Motor_003_QwAlarm	1	Dry-running monitoring triggered		Motor_003
Motor_003_QwAlarm	2	Motor protection switch triggered		Motor_003
Motor_003_QwAlarm	4	Lock, motor switched off		Motor_003
Motor_003_QwAlarm	6	External error		Motor_003
Motor_003_QwAlarm	7	General error		Motor_003
Motor_003_QwAlarm	8	Motor is OFF		Motor_003
Motor_003_QwAlarm	9	Motor is STARTING		Motor_003

（续）

Motor_003_QwAlarm	10	Motor is ON	Motor_003
Motor_003_QwAlarm	11	Motor is STOPPING	Motor_003
Motor_003_QwAlarm	12	Interlock is pending	Motor_003
Motor_003_QwAlarm	13	Controller = > REMOTE	Motor_003
Motor_003_QwAlarm	14	Operating mode = > AUTOMATIC	Motor_003
Motor_003_QwAlarm	15	Simulation is active	Motor_003

选择整个表格的内容，复制回 WinCC ALARM 中，即完成一个设备类型的所有实例的报警列表。新的报警 ID 自动生成。如此重复多次，即可完成所有设备的所有报警信息。

回想到我们前面在 Excel 中根据位号表自动生成变量表的软件，其实报警列表与其相差并不大，也完全可以在开发软件时一并完成。

然后就可以高效率、无差错、无遗漏地生成项目的报警信息列表了。

5.4.7　WinCC 报警信息生成（S7-1500 PLC）

我们在 S7-1500 PLC 中当然也可以采用与 5.4.6 节 S7-1200 PLC 中相同的方法生成 WinCC 报警信息。这看起来貌似已经很高效了，然而还可以有更高效的报警生成方式，即 S7-1500 PLC 所独有的 Program-Alarm 生成报警，在下位机运行时生成 WinCC 报警。

方法是打开每一个设备类型的 FB 进行修改，STATIC 变量最后增加一个类型为 Program_Alarm 的数组，范围为 0.15，对应报警字 QwAlarm 的 16 位，如图 5-90 所示。

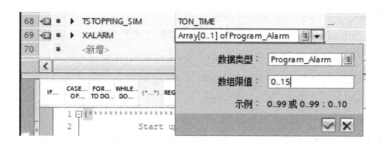

图 5-90　Program_Alarm 多重实例

然后展开选择每一条报警，窗口右下角弹出属性窗口，在其中的报警文本中输入文本，如图 5-91 所示。

如果有必要，还可以为每条报警嵌入变量，以实现在报警触发时提示相关数据的运行值。

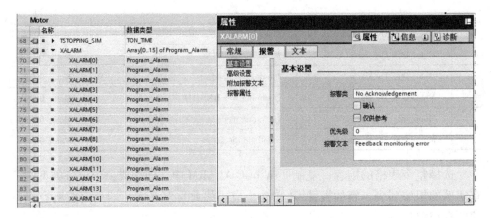

图 5-91 Program_Alarm 报警设置

然后在程序尾部，添加对报警功能的调用：

```
#XALARM[0](SIG:=#QwAlarm.%X0);
#XALARM[1](SIG:=#QwAlarm.%X1);
#XALARM[2](SIG:=#QwAlarm.%X2);
#XALARM[3](SIG:=#QwAlarm.%X3);
#XALARM[4](SIG:=#QwAlarm.%X4);
#XALARM[5](SIG:=#QwAlarm.%X5);
#XALARM[6](SIG:=#QwAlarm.%X6);
#XALARM[7](SIG:=#QwAlarm.%X7);
#XALARM[8](SIG:=#QwAlarm.%X8);
#XALARM[9](SIG:=#QwAlarm.%X9);
#XALARM[10](SIG:=#QwAlarm.%X10);
#XALARM[11](SIG:=#QwAlarm.%X11);
#XALARM[12](SIG:=#QwAlarm.%X12);
#XALARM[13](SIG:=#QwAlarm.%X13);
#XALARM[14](SIG:=#QwAlarm.%X14);
#XALARM[15](SIG:=#QwAlarm.%X15);
```

当然也可以选择用循环来实现，用循环变量替换其中的序号，程序语句行数会少一点。然而不建议这么做。因为将来有可能需要有改动，个别条目的报警信息需要增加嵌入变量，就需要在调用时指定 SD_1、SD_2 等引脚，也就不会像现在这般整齐了。

对所有设备类型都增加之后，则所有的设备报警的信息都会自动生成，并传送到 WinCC 中。然后在 WinCC 中，运行状态时打开报警信息模块，如图 5-92 所示。

图 5-92　AS 消息

最下方的 AS 消息组中选定 CPU，右键菜单中选择"从 AS 加载"，即一次性地把所有报警信息都传到 WinCC。这是对 L1 设备的报警处理。然而我们知道，L1 设备报警的内容大部分是电气设备层面的。而在工艺层，同样也需要产生工艺信息和报警，则需要在 L3 工艺函数库中用同样方法实现。

这种方法的缺点是，导致改造过的库函数在 S7-1200 PLC 中不再兼容。我们当然不能指望所有项目都不计成本和项目规模地统一使用 S7-1500 PLC，因而我们需要同时维护两套库函数，分别用于应对 S7-1200 PLC 和 S7-1500 PLC 的项目中使用。

然而，我们也可以在 S7-1500 PLC 的库函数中继承调用 S7-1200 PLC 通用块，工艺逻辑全部保留在通用块中，而外层的 S7-1500 PLC 的块在程序中只实现报警等 S7-1500 PLC 的专属功能，原本的逻辑功能，则通过调用通用块实现。

5.4.8　补足不完整的设备类型 DO

典型的 DO 类型的设备为报警灯，需要为其设计专用的库函数 FB。考虑报警灯通常还需要有闪烁属性，所以可以在设计时直接预留闪烁功能的引脚，需要时直接调用。

由于基本不需要在 HMI 运行中修改设定参数，所以不需要设计 WinCC 面板。

5.4.9　补足不完整的设备类型 AO

AO 设备通常为直接驱动的 AO 卡件，需要将浮点数的物理值按照物理范围上下限，按比例转换为 0 ~ 27648 的整数值，然后送到通道。

由于通常不需要上位机修改设定参数，所以也不需要设计 WinCC 面板。

5.4.10　行业特殊设备类型 PSV

一组多达 8 个的脉冲阀，接受启动指令后逐个间歇启动，并形成循环。数量可设置，运行时间和间隔时间均可在引脚设定参数。

这种时间参数通常是固定的，不需要在运行时由操作员调节。所以不需要上位机设定参数，不需要设计 WinCC 面板。

如果数量设置为 1，则可以替代 DO 的功能。所以如果这样设计，则可以省掉 DO 专用块。

同理，根据行业的需求，还可以有一些上述没有涵盖的特殊的 L1 设备，可从零开始设计逻辑程序，并根据实际情况决定是否需要上位机 WinCC 面板。如果需要，则可以完全模仿 BST 例程的风格和方法，自己配套。

5.5　L2 设备库函数实现

我们对 L2 设备的定义是，在 L1 设备类型基础上生成的，具备与 L1 基础功能不同的特殊功能的设备。在使用上，L2 设备库函数与 L1 设备是完全相同的，在设备实例化时参数引脚可以绑定物理 I/O 通道信号。

本节以举例的形式针对通用行业中常见的一些 L2 设备库函数演示其实现方法。由于篇幅的限制，这里只能针对有代表性的包含代表性的技术方法的类型做演示。

各位读者可通过这个演示过程，了解到一些技巧和方法，最终应用到自己的项目和行业中，开发通用的或者专用的行业库函数，逐渐积累、丰富、成熟，最终实现项目设计调试过程的快速便捷高效，改变以往项目调试期间花费太多时间和精力在程序逻辑的调试上，但项目设计质量却不高，经常出错的现状。

5.5.1　L1 库函数封装升级为 L2 库函数

下面实现 5.4.7 节提到的内容，将一个通用的库函数升级成下位机可生成报警信息的 S7-1500 PLC 专用的库函数。

以 MOTOR 块为例，首先建立一个与原 MOTOR 块外部引脚完全一样的新 FB——MOTOR_1500，如图 5-93 所示。可以复制全部引脚，也可以原块直接复制，修改 FB 编号后删除其所有程序内容，并删除块内的全部 STATIC 变量和 TEMP 变量。

STATIC 变量中增加名字为 OO 的原设备类型的多重背景，以及与上一节一样的报警功能块的数组。

Motor_1500							
		名称	数据类型	偏移量	默认值	从 HMI/OPC..	从 H...
40		QREMOTE	Bool	...	false	☐	☐
41		QSIM	Bool	...	false	☐	☐
42		QLOCK	Bool	...	false	☐	☐
43		QERR	Bool	...	false	☐	☐
44		QERR_EXT	Bool	...	false	☐	☐
45		QwAlarm	Word	...	16#0	☐	☐
46	▼	InOut				☐	☐
47		VISIBILITY	Byte	...	16#0	☐	☐
48		OPdwCmd	DWord	...	16#0	☐	☐
49	▼	Static				☐	☐
50	▶	OO	"Motor"	...		☑	☑
51	▶	XALARM	Array[0..15] of Program_Alarm			☐	☐
52	▼	Temp				☐	☐
53		<新增>					
54	▼	Constant				☐	☐

图 5-93　MOTOR_1500 引脚

勾选#OO 的 HMI 监控功能，同时取消勾选所有 INPUT 和 OUTPUT 的 HMI 功能。将来，WinCC 访问数据通过 OO 进入。

程序的第一步是调用#OO，所有引脚绑定到外部的形参。

#OO. LOCK: = #LOCK;

#OO. ERR_EXTERN: = #ERR_EXTERN;

#OO. LIOP_SEL: = #LIOP_SEL;

#OO. L_AUT: = #L_AUT;

#OO. L_REMOTE: = #L_REMOTE;

#OO. L_SIM: = #L_SIM;

#OO. L_RESET: = #L_RESET;

#OO. AUT_ON: = #AUT_ON;

#OO. MAN_ON: = #MAN_ON;

#OO. SIM_ON: = #SIM_ON;

#OO. FB_ON: = #FB_ON;

#OO. L_MON: = #L_MON;

#OO. MON_T: = #MON_T;

#OO. MON_T_STOP: = #MON_T_STOP;

#OO. MPS: = #MPS;

#OO. L_FLOW_MON: = #L_FLOW_MON;

#OO. FLOW: = #FLOW;

#OO. FLOW_LL: = #FLOW_LL;

#OO. FLOW_MT: = #FLOW_MT;

```
#OO. INSTANCE: = #INSTANCE;
#OO. RESTART: = #RESTART;
#OO();
#QdwState: = #OO. QdwState;
#QwState: = #OO. QwState;
#QSTOPPING: = #OO. QSTOPPING;
#QSTOP: = #OO. QSTOP;
#QSTARTING: = #OO. QSTARTING;
#QRUN: = #OO. QRUN;
#QCMD_ON: = #OO. QCMD_ON;
#QMON: = #OO. QMON;
#QMON_ERR: = #OO. QMON_ERR;
#QMON_T: = #OO. QMON_T;
#QMON_T_STOP: = #OO. QMON_T_STOP;
#QFLOW_MON: = #OO. QFLOW_MON;
#QFLOW_MT: = #OO. QFLOW_MT;
#QFLOW_ERR: = #OO. QFLOW_ERR;
#QMPS: = #OO. QMPS;
#QMAN_AUT: = #OO. QMAN_AUT;
#QREMOTE: = #OO. QREMOTE;
#QSIM: = #OO. QSIM;
#QLOCK: = #OO. QLOCK;
#QERR: = #OO. QERR;
#QERR_EXT: = #OO. QERR_EXT;
#QwAlarm: = #OO. QwAlarm;
```

注意，我们并没有按照传统的梯形图或者 SCL 调用 FB 并绑定引脚的方式，而是通过语句逐个变量赋值的方式实现。然而其实实现的效果是等效的。

注意，OO 被调用时参数是完全空的。INPUT 引脚的变量在#OO 调用语句之前赋值。而 OUTPUT 的变量在#OO 调用之后输出。

这样方法实现的目的是为了方便在 Excel 中批量整理生成，减少简单重复操作的时间。

Excel 中生成的表格如图 5-94 所示。

需要特别注意的是，INOUT 类型的两个变量 VISIBILITY、OPdwCmd，因为需要被 WinCC 访问，所以就不需要绑定实参了。因为如果绑定赋值，反而会导致 WinCC 写不进数据。

	A	B	C	D	E
1	#00.	LOCK	:=	LOCK	;
2	#00.	ERR_EXTERN	:=	ERR_EXTERN	;
3	#00.	LIOP_SEL	:=	LIOP_SEL	;
4	#00.	L_AUT	:=	L_AUT	;
5	#00.	L_REMOTE	:=	L_REMOTE	;
6	#00.	L_SIM	:=	L_SIM	;
7	#00.	L_RESET	:=	L_RESET	;
8	#00.	AUT_ON	:=	AUT_ON	;
9	#00.	MAN_ON	:=	MAN_ON	;
10	#00.	SIM_ON	:=	SIM_ON	;
11	#00.	FB_ON	:=	FB_ON	;
12	#00.	L_MON	:=	L_MON	;
13	#00.	MON_T	:=	MON_T	;
14	#00.	MON_T_STOP	:=	MON_T_STOP	;
15	#00.	MPS	:=	MPS	;
16	#00.	L_FLOW_MON	:=	L_FLOW_MON	;
17	#00.	FLOW	:=	FLOW	;
18	#00.	FLOW_LL	:=	FLOW_LL	;
19	#00.	FLOW_MT	:=	FLOW_MT	;
20	#00.	INSTANCE	:=	INSTANCE	;
21	#00.	RESTART	:=	RESTART	;
22					
23					
24		QdwState	:=#00.	QdwState	;
25		QwState	:=#00.	QwState	;
26		QSTOPPING	:=#00.	QSTOPPING	;
27		QSTOP	:=#00.	QSTOP	;
28		QSTARTING	:=#00.	QSTARTING	;
29		QRUN	:=#00.	QRUN	;
30		QCMD_ON	:=#00.	QCMD_ON	;
31		QMON	:=#00.	QMON	;
32		QMON_ERR	:=#00.	QMON_ERR	;
33		QMON_T	:=#00.	QMON_T	;
34		QMON_T_STOP	:=#00.	QMON_T_STOP	;
35		QFLOW_MON	:=#00.	QFLOW_MON	;
36		QFLOW_MT	:=#00.	QFLOW_MT	;
37		QFLOW_ERR	:=#00.	QFLOW_ERR	;
38		QMPS	:=#00.	QMPS	;

图 5-94 Excel 生成 SCL 程序

如果 INPUT 引脚中有数据也需要在 WinCC 中写入赋值，那也需要屏蔽掉。
程序的第二步是调用报警功能，按 5.4.7 节的方法。

#XALARM[0](SIG:=#QwAlarm.%X0);

#XALARM[1](SIG:=#QwAlarm.%X1);

#XALARM[2](SIG:=#QwAlarm.%X2);

#XALARM[3](SIG:=#QwAlarm.%X3);

#XALARM[4](SIG:=#QwAlarm.%X4);

#XALARM[5](SIG:=#QwAlarm.%X5);

#XALARM[6](SIG:=#QwAlarm.%X6);

#XALARM[7](SIG: = #QwAlarm.%X7);

#XALARM[8](SIG: = #QwAlarm.%X8);

#XALARM[9](SIG: = #QwAlarm.%X9);

#XALARM[10](SIG: = #QwAlarm.%X10);

#XALARM[11](SIG: = #QwAlarm.%X11);

#XALARM[12](SIG: = #QwAlarm.%X12);

#XALARM[13](SIG: = #QwAlarm.%X13);

#XALARM[14](SIG: = #QwAlarm.%X14);

#XALARM[15](SIG: = #QwAlarm.%X15);

由此 PLC 程序已经完成。

WinCC 画面中，面板模板的使用与原函数几乎没有区别，原面板可以继续使用，然而，还是有一些具体细节需要注意。

AS 变量导入时，虽然选择全部选中，但这种多层嵌入的变量并不会被直接选中。

需要在列表中找到特定的 IDB（见图 5-95），将其 OO 部分点开，然后再选择全选，才可以生成这些变量，并传到 WinCC。当然，我们可以有充分合理的理由，期待新的 WinCC 版本中，这一方面的功能能有所改进。

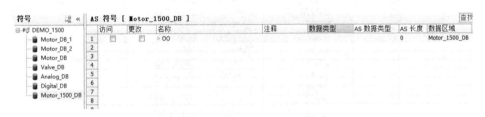

图 5-95　找到 IDB

变量传入后，生成的变量名字如"Motor_1500_DB_OO_OPdwCmd"，多了"_OO"的字样。在指定画面弹出窗口的前缀时，需要补上。

这种方法只适用于所有逻辑都已经在原库中完善继承，新函数中没有新逻辑功能。如果需要增加新功能，而且有增加传到 WinCC 的变量，那么新增加的变量名字中是没有"_OO"的，因而原有模板画面就不能直接简单使用了，需要有相应的改进。

我们分析设备类型时，许多基础库类型不能用现有 L1 库函数实现，比如星-三角起动的电机，变频器驱动的电机，电机需要做时间累积等，除了可以自己完全从头搭建 FB 逻辑块和 WinCC Faceplate 即 L1 库函数之外，也可以在现有 L1 库函数的基础上，参照本节的方法实现。

5.5.2 L2 示例：双驱动的电机（S7-1200 PLC 和 S7-1500 PLC）

功能需求：有一些电机是需要起动和停止两个驱动指令的，最常见的是一些集成设备供应商提供的控制系统，当切换到远程，由中央控制系统控制时，起动和停止指令是分开的且都是常 0 信号，即只在起动和停止需求时分别发 1。

L1 的 BST MOTOR 块有 QStarting 和 QStopping 两个输出，通常以为可以用来直接驱动起动和停止信号。但经仔细调试后，发现有几个缺陷：

1）与 SIM 不兼容，在 SIM 模式下，QCMD_ON 是被屏蔽的，但 QStarting 和 QStopping 并没有被屏蔽，即仍然可以输出到电气回路。除非确定系统中不适用 SIM 模式，否则这一点不影响。

2）在电机有监控反馈时，功能正常。驱动发出后，监控到闭合信号已经完成，则收回驱动指令。然而如果电机关闭监控反馈，则标准的库函数起动和停止的时间为 0，即发出指令瞬间，就报 QRUN 完成，反而导致双驱动的电机不能起动。

3）当系统有急停控制，急停信号通过 #ERR_EXTERN 引脚输入后，QStopping 信号也被禁用输出，会导致发生故障时不能安全停止电机。

这三种缺陷状态，如果都不可能遇到，那么可以直接使用 "MOTOR" 块，然而为完善起见，还是决定专门开发一套专用于双驱动电机的库函数。以此作为演示开发 L2 函数的例子。下面分别针对 S7-1200 PLC 和 S7-1500 PLC。

首先，针对 S7-1200 PLC，建立一个 "MOTOR_2DRIVE" 的块，方法与上一节相同，只不过多重背景中只有 "#OO"，没有 "XALARM"。程序逻辑中原有的对 "QStarting" 和 "QStopping" 的控制以图 5-96 和图 5-97 所示的逻辑替代，即完成了 S7-1200 PLC 通用的库函数。

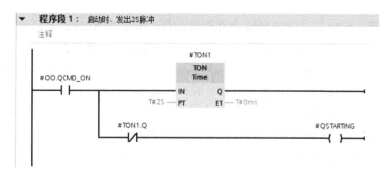

图 5-96 QStarting

上位机画面与前面所述相同，只是变量名中多了 "_OO" 字符。然后制作 S7-1500 PLC 专用库。

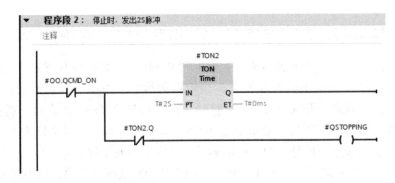

图 5-97 QStopping

又是同样的方法，再建立一个 MOTOR_2DRIVE_1500 的块，其中包含了 XLARM 功能，然而不同之处是，这里的#OO 的数据类型指向了上面刚刚建立的 MOTOR_2DRIVE 的块，如图 5-98 所示。

		名称	数据类型	默认值	保持	从 HMI/OPC..
		MOTOR_2DRIVE_1500				
49	▼	Static				☐
50	▶	OO	"MOTOR_2DRIVE"			☑
51	▶	XALARM	Array[0..15] of Program_Alarm			☐

图 5-98 MOTOR_2DRIVE_1500

同样的方法，变量传送到 WinCC 后，发现变量的名字"NM02-0001_OO_ OO_OPdwCmd"的格式比前面又多了一个 OO，窗口的变量前缀变成了 2 个 OO 在里面。我们就通过这样一层套一层的多层嵌套的方式，实现了底层代码的重复使用，以及对新功能的增加。这也是把嵌套对象名字起得足够简短，只用 OO 两个字母的原因。

当然了，代价是，即便系统中并没有内层的设备类型的实例，仅仅有最外层的 L2 设备类型实例，也需要把内层的所有函数块都全部带在程序里。当系统足够复杂，使用的库函数类型足够多以后，库函数部分带的块的数量就会很多了。这时需要有好的文件夹管理机制，管理好这些库函数。

最后，需要特别注意的是，对于这种形式的电机应用，系统中如果有急停保护，急停时电气控制回路上也有安全继电器保护 DQ 点输出失效，那么电气设计时需要特别考虑把"QStopping"分配到不被安全继电器保护的回路上。

5.5.3 L2 库函数：PID 控制

Portal 系统中提供了工艺对象功能，一些特殊工艺被设计为工艺对象的形式，图形化的设置参数和调试界面方便了使用，如图 5-99 所示。

本节以 PID 为例，介绍把这些工艺对象封装转化为库函数的方法。在 Portal 的工艺函数中，提供的 PID 功能也有多种，包括普通 PID 和温度专用的 PID 等。我们以最常见的，也最方便的 PID_Compact 为例（见图 5-100），演示为其封装的过程。

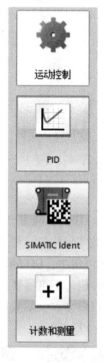

图 5-99 工艺对象

图 5-100 PID 控制

在工艺对象中加入一个新的 PID_Compact 控制实例之后，会自动产生一个全局的 IDB 对象。同时也在系统资源中自动加入了系统函数 FB1130。

我们可以找到并打开这个 PID_Compact（FB1130），打开后程序内容是看不到的，然而可以看到其接口。可以看到系统函数初始默认设置是所有引脚都勾选激活了 HMI 访问，同时保持属性也全部为非保持，这些都不符合我们前面描述的要求。

建立一个 FB，即 PIDCtrl_Compact，如图 5-101 所示，作为对原函数的管理接口模块，以 5.5.1 节同样的方法获得原函数的所有接口列表并建立到新函数。

将重要的设定参数 Setpoint、ManualEnable、ManualValue、ScaledInput、Output 勾选 HMI 功能，并设置为保持。

然后，在 INOUT 类型中增加 OO，类型为 PID_Compact。

注意，这里是 INOUT 类型，而不是 MOTOR 块继承封装时的 STATIC 类型。这

		名称	数据类型	默认值	保持	从 HMI/OPC..	从 H..	在 HMI ...
1		▼ Input				☐	☐	☐
2		Setpoint	Real	0.0	保持	☑	☑	☑
3		Input	Real	0.0	非保持	☐	☐	☐
4		Input_PER	Int	0	非保持	☐	☐	☐
5		Disturbance	Real	0.0	非保持	☐	☐	☐
6		ManualEnable	Bool	false	保持	☑	☑	☑
7		ManualValue	Real	0.0	保持	☑	☑	☑
8		ErrorAck	Bool	false	非保持	☐	☐	☐
9		Reset	Bool	false	非保持	☐	☐	☐
10		ModeActivate	Bool	false	非保持	☐	☐	☐
11		▼ Output				☐	☐	☐
12		ScaledInput	Real	0.0	保持	☑	☑	☑
13		Output	Real	0.0	保持	☑	☑	☑
14		Output_PER	Int	0	非保持	☐	☐	☐
15		Output_PWM	Bool	false	非保持	☐	☐	☐
16		SetpointLimit_H	Bool	false	非保持	☐	☐	☐
17		SetpointLimit_L	Bool	false	非保持	☐	☐	☐

图 5-101 PIDCtrl_Compact

是因为工艺对象只支持全局对象的 IDB，而不支持被嵌套在 IDB 中的 IDB 类型。工艺对象的参数设置只对全局 IDB 有效。而将来本 L2 库函数实例化时，需要有接口指定所对应的工艺对象的地址。这里就是了。具体的程序逻辑中，OO 的实参赋值和读取方法也不变。但区别是，这里只需要赋值和读取数值，不再需要对函数进行调用了。这是因为 PID 函数的调用环境都是在循环调用 OB 中，只需要原函数原实例在 OB30 中调用即可。OB30 调用 PID 工艺对象如图 5-102 所示。

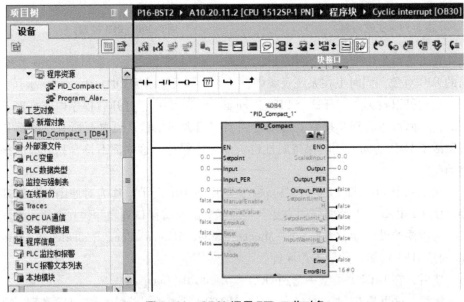

图 5-102 OB30 调用 PID 工艺对象

144

本 L2 库函数完全可以在正常的主循环逻辑中调用实现实例化。所以如果系统程序是按照工艺设备分区管理的，则可以在其所在的工艺单元中调度，即两者的实例化是分开的。

FC2 被 OB1 架构调用，如图 5-103 所示。

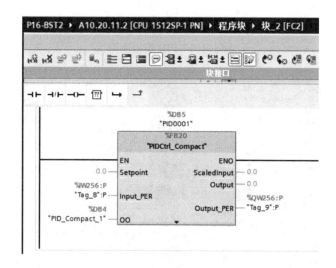

图 5-103　OB1 调用接口服务程序

在 OB1 的实例化时，输入了 AI 和 AQ 变量，也可以看到，块的显示的引脚也只剩下了重要的使用的引脚，因为我们对引脚的属性做了隐藏设置。后续如果需要对报警信息处理，可以使用和前面一样的方法处理，这里不再详述。

程序下载到 PLC 之后，WinCC 可以执行变量 AS 读取，得到变量，如图 5-104 所示。

PID0001_ManualEnable	二进制变量	1
PID0001_ManualValue	32-位浮点数 IEEE 754	4
PID0001_Mode	有符号的 16 位值	2
PID0001_Output	32-位浮点数 IEEE 754	4
PID0001_ScaledInput	32-位浮点数 IEEE 754	4
PID0001_Setpoint	32-位浮点数 IEEE 754	4

图 5-104　PID 块 WinCC 变量

可以依据这些变量，建立画面模板，显示数值并可在 WinCC 中设定参数，如图 5-105 所示。其他用到的 PID 类型可以逐个建立 L2 库函数，在可能的情况下，可以实现尽可能 WinCC 画面模板通用，如图 5-106 所示。

然而，在读取 AS 变量时，会发现原函数工艺对象的 IDB 也在可读取列表

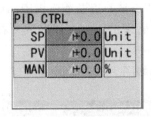

图 5-105　PID 面板图标

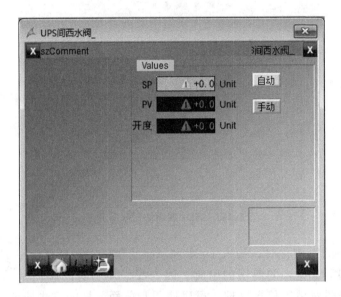

图 5-106　PID 弹出窗口

中，那里面的可读变量更多，所有变量都能读出来。

如果我们不小心全部选中了，那会导致 WinCC 中瞬间多了数量翻几倍的垃圾变量，既浪费了 WinCC 变量点数，也违背了我们规定的"所有可见变量都上传，上传的变量都有用"的原则。

WinCC 在 V7.5 以后，读取 AS 变量时有了两种视图，除了过去的所有变量在一个大表中，还多了另外一种按实例分组的视图。在后一种视图中，需要上传的 IDB 实例逐个打开选择，不需要的实例跳过不选，算是可以绕过这个麻烦。

但每个实例都逐个选一遍，也增加了工作量。

还有一种方法是，暂时先全部选中上传，最后再手工筛选删除。然而，这种变量全部默认 HMI 可见的属性可不仅仅 PID 块有，而是所有系统库函数都有。我们遇到过个别项目，一不小心，几万个变量全读了出来，而正常需要用到的才几百个。那时候仅拖动滚动条进行选择删除，都是不小的工作量。

然而，到目前为止，在 PLC 侧，并没有找到很好的方法使系统函数生成的数据对 HMI 隐藏，尤其是工艺对象这样不能选择多重背景，只能使用单个 IDB 做实例的情况。

我们唯一能做的就是，等哪一天 PLC 软件再升级后，能顺便改变这一不足。

对于 PID，可以进一步细化做得更好的工作：有读者会发现我们这里并没有提及变量的物理单位，对于模拟量数据，一个重要的参数是物理单位 unit，在 WinCC 的通用性强的画面窗口中，为每个实例的数据分别备注显示正确的物理单位是相当必要的。原本，PID 工艺对象中提供了物理单位的选择，也有相应的参数对应了各种物理单位，如图 5-107 所示。

功能视图中的名称	在 DB 中的名称	...	项目起始值
实际数量	PhysicalQuantity	✓	流量
	PhysicalQuantity	✓	4
测量单位	PhysicalUnit	✓	m³/hr
	PhysicalUnit	✓	9

图 5-107　物理单位参数

通过对 "PhysicalQuantity" 和 "PhysicalUnit" 两个参数的数值变换，可以实现多达几百种物理单位的切换。比如，图中参数值分别为 4 和 9，所对应的是流量计量单位 m^3/h。

然而目前西门子的文档中并没有给出这 2 个参数的对照表。将来如果有机会可以获取其完整协议，就可以改进到 WinCC 自动识别显示，并与 Portal 调试界面中自动对应，这样就比较完美了。

目前的情况下，可以采取的临时过渡方法是，在 WinCC 中为每个实例建立字符型内部变量 unit 来单独实现。

5.5.4　L2 库函数：PROFINET 通信的 PID 仪表

我们分析认为，模块化是最合理的标准化。所以很多场合，外购现成的封装好优化参数功能的 PID 仪表，反而比 PLC 中亲自来计算优化参数更方便，控制更精准，也更理想。

一些 PID 仪表是支持 PN 通信的，所以 PLC 中做的工作只需要通过通信方式，把运行值读出来，设定值写进去，HMI 侧完全可以做到与 5.5.3 节 PID 控制一样的操作界面和操作模式，如图 5-108 所示。

借用前面的 PIDCtrl 块的接口，保留 HMI 需要的变量，而删除多余的变量。

然后在 InOut 变量中增加了 PN 通信的数据。

其实这些数据原本应该各自归属 Input 和 Output，只是为了不破坏原有引脚的顺序，统一放在了 InOut 里。

		名称	数据类型	默认值	保持	从 HMI/OPC..	从 H...	在 HMI ...
1	▼	Input				☐	☐	☐
2	■	Setpoint	Real	0.0	保持	☑	☑	☑
3	■	ManualEnable	Bool	false	保持	☑	☑	☑
4	■	ManualValue	Real	0.0	保持	☑	☑	☑
5	■	sc0	Real	0.1	非保持	☐	☐	☐
6	▼	Output				☐	☐	☐
7	■	ScaledInput	Real	0.0	非保持	☑	☑	☑
8	■	Output	Real	0.0	非保持	☑	☑	☑
9	▼	InOut				☐	☐	☐
10	■	IW_PV	Int	0	非保持	☐	☐	☐
11	■	IW_MOP	Int	0	非保持	☐	☐	☐
12	■	QW_SV	Int	0	非保持	☐	☐	☐

图 5-108　PID_PN

与 5.5.3 节的调用一样，在 OB1 中调用库函数实现实例化，如图 5-109 所示。

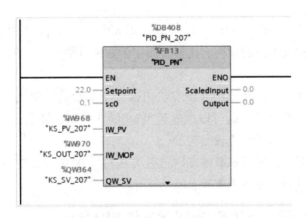

图 5-109　PID_PN 实例

每一个仪表有一个实例，根据网络组态得到的 IW 和 QW 地址，送到引脚。而变量上传到 WinCC 后，可以实现通用的画面模板操作。

注意，这里模块调用的 IW 和 QW 地址属于通信地址，并不是占用 PLC 卡件的通道。所以在本书前面整理位号表和符号表时，并未涉及这方面的内容。由于大部分的工程项目中，这样的设备数量很少，属于特殊案例，所以实际工程中都是手动定义变量，未做到自动生成。

如果项目中设备数量较多，可以规划合理的生成变量表的方法，甚至可以把通信组件当作 PLC 硬件卡件的一个类型。

5.5.5　L2 库函数：MODBUS 通信的 PID 仪表

因为价格的原因，市场上支持 PN 通信的仪表还很少见。更多的 PID 仪表会支持 MODBUS RTU 或者 MODBUS TCP 协议，电气上分别是 RS485 接口和以太网接口，但软件运行机理是差不多的。

沿用前面的框架思路，我们很容易规划出这个函数块的接口。去掉原本的直接的数据地址，替换以 MODBUS 站号 ID，另外考虑到主站有可能有多个 MODBUS 接口，即多条 RS485 网络的情况下，需要规划有子网号，即 SUBNET，如图 5-110 所示。

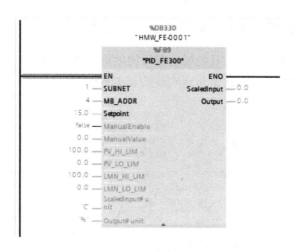

图 5-110　PID-MODBUS

不同 PID 仪表厂商的协议地址会不同，所以针对不同的型号均需要开发对应的库函数。使用中同样也是，每增加一个实例，则代表系统中增加了一个 PID 仪表。相应地，WinCC 上也多了一个面板实例来监视和操控。

这里给出的是最理想的目标，然而，这并不太容易实现，难度比较大。因为 MODBUS 通信和 PROFINET 通信还不一样，它需要在程序中做轮询调度，不是直接读取数据地址就可以完成的。网络上多一个站或少一个站，轮询的程序都不一样。同时还要充分考虑有掉站的情况下的处理，以及不同需求的站轮询速度不一样的优先级策略，所以，要实现这样的完全标准化模块化的功能，需要做大量的基础性的工作，需要把原本的轮询调度转化为类似于并行通信的模式。相关技术内容，可以参考作者发表过的一系列 MODBUS 相关文章，如《【万泉河】自带轮询功能的 MODBUS 并行通信》等。

这需要对 MODBUS 非常熟悉，同时前期的调试工作量也非常大。然而一旦完成，则可以一劳永逸，以后所有的项目都可以不再费力，简单模块复制使用就可以完成。

把大量的设计工作分配到前期设计阶段，甚至不针对具体项目就可以提前储备，而到项目实施时现场的调试工作就大大减少。

这是标准化方法的最大魅力。事实上作者在实际工作中已经实现并成功应用于工程项目中，书中的截图即来自实际项目。不过由于相关实现技术过程比较复杂，这里只是把最终结果展示给读者。

而实际上，图中的块已经兼容了 MODBUS TCP 和 MODBUS RTU，根据 SUB-NET 号的不同，区分了不同的网络类型，100 以上为 TCP，100 以下为 RTU。同时也最大化地实现了低耦合的理念。

5.5.6 L2 库函数：MODBUS 通信的变频器电机

本节如 5.5.5 节一样，只是展示应用的效果。图 5-111 ~ 图 5-113 是作者参与辅导客户公司推广标准化工作所实现的真实案例。

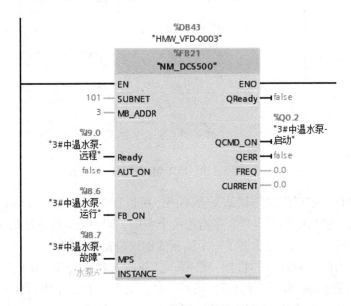

图 5-111　MODBUS 通信的变频器

对于 MODBUS 通信的变频器电机，使用与前面一样的技术手段控制之后，除了正常的电机控制功能，还可以增加频率的给定，电流和频率运行值的监控等多个参数，并在 WinCC 窗口界面中查询历史曲线。

这里的工作创新的含量就很少了，只是对前面所有细节工作的简单借用和

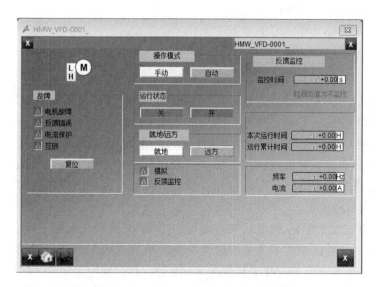

图 5-112 MODBUS 通信的变频器电机（WinCC）

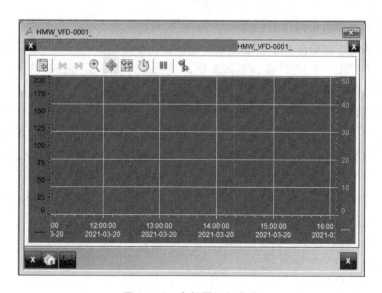

图 5-113 变频器运行曲线

累加，这里融合了电机 MOTOR 块、模拟量处理功能、MODBUS 通信功能、S7-1500 PLC 专用报警等所有前面描述过的功能细节。然而，通过对每一个细节功能的逐渐完善，最终呈现出来的是巨大的创新，可以给用户带来便捷的、愉悦的操作使用体验。

凡是只需要做一次设计开发工作、将来可以重复使用的功能，我们都不要怕麻烦，要不断追求精益求精，不断丰富完善提高，永远没有终点。这是我们标准化工作可以达到的另一个目标。

5.6 L3 工艺库函数实现

本书中对 L3 工艺设备的定义是，以 L1 或 L2 设备集合而成的工艺设备。其库函数与 L2 相比，不同之处在于 L3 的设备函数的引脚不包含物理 I/O 信号。所以 PLC 的 I/O 符号表的所有变量都只在 L1 或 L2 设备的实例化程序中出现，而绝不会在 L3 设备中出现。在系统位号表中列出的所有设备类型也不会有 L3 设备类型，L3 设备类型只出现在 PLC 软件内部。所以我们可以称 L3 设备的实例化模块为自动模块。

而前面定义过的 L4 类型的工艺设备，与 L3 的区别仅仅是子设备中是否包含 L3 设备，这种区别就不大了。因为即便一个现成的 L3 设备的工艺，也有可能因为某一个下级设备被改造替换为 L3 设备，而在理论上成为 L4 设备，所以 L3 和 L4 之间并没有严格的可界定的边界，所以以后我们提起 L3 设备，默认就包含了 L4，甚至 L5、L6 以及更高的层数。

现在有一个值得商榷的问题，请大家共同思考。

我们认为，设备库函数和上位机，比如 WinCC 的通信变量，本质上也是 I/O，那么对于每一个 L3 设备，是否需要，或者有资质直接与上位机 WinCC 直接通信并交换数据呢？

现在的情况是，都可以，而且各有利弊。

首先分析 L3 设备需要传到 HMI 的数据类型，通常不过是 4 种，即起动停止指令、运行报警状态、设定参数值、运行状态值。由于工艺设备通常比较复杂，有可能这些参数数量会比较多，甚至可能涉及需要配方管理。

如果它们需要直接与 WinCC 通信，那么就需要给 L3 设备设计这样的引脚，并设定为 HMI 可见。

然后 WinCC 中可以建立专用的设备管理模板窗口，用于这些指令和参数的输入。同时，由于参数数量太多，反而不方便在弹出式窗口中管理，加上工艺设备的实例数量并不会太多，大部分只有 1 个实例，所以有可能就直接平铺在画面上实现了。

而如果平铺在画面上实现，反而不如使用现成的基础设备类型，比如设备的起停操作，就是用 L2 的 MOTOR 块，等于是把一台工艺设备视作一台电机设备。这本来也是应当的。而带来的好处是，可以使用 L2 块原本的窗口功能，工艺层面的报警信息等也自然生成了，不需要在每个 L3 工艺块中另外花精力去做了。

模拟量参数的设定值、运行值等也借用现成的库函数通道实现，操作修改记录、历史数据趋势图等功能也都自然包含了。这样更有利于模块化的开发，开发成果更有利于重复使用，工艺设备中可以更集中精力于工艺逻辑本身。

我们的 S7-1500 PLC 的分享示范项目，实现的方法是 L3 设备直接与 WinCC 通信的方式。然而在后期维护升级中，就发现了一些缺陷。不如采用 L3 设备借助 L2 块的接口与 WinCC 通信的方法更有利于完善各种功能。

当然，由于一个项目中 L3 设备类型的数量通常很少，即便不能进行模块化的改进，工作量也不是很大。所以总的来说区别不大，读者可以在实践中体会这两种方式的区别，我们并不限定只许用其中的某一个。本节所举的例子，两种模式都会用到。

5.6.1　公用设备：电机

我们在讲解工艺设备的划分方法时，提到过公用设备的概念。凡是同时服务于两套工艺设备的设备，都可以称之为公用设备。

然而，不同公用设备的应用机制还不同。比如，一台给多个工艺模块给料的给料电机，对于多个工艺模块组成的工艺设备，虽然它们是公用的，然而它们的使用时间没有交集。同一时刻，只可能有 1 个工艺设备的实例发出请求运行的指令。而停止指令也一定来自这个工艺设备完成了工艺需求之后。这种情况下，根本不需要特殊处理。每个工艺设备按各自的逻辑调度这个公用设备即可。只不过需要注意各自都要用 S/R 指令来起动和停止设备，而不要使用直接线圈输出。因为那样会造成与普通的 LAD 编程同样的双线圈效果，会导致排在前面的实例指令失效。

然而，有一些场合的公用设备存在公用设备同时刻共同使用的可能。比如，为两个或多个反应釜同时提供补水功能的水泵。任何一个反应釜液位条件达到需要补水时，打开自身专属的补水阀，同时向补水泵发出起动请求。而在补水期间，如果又有其他反应釜需要补水，那只需要打开补水阀即可。当所有反应釜都补水完成时，需要将泵停止。这在传统控制逻辑中是一个非常简单的"或"逻辑。

这就需要公用设备有能力管理这种简单的"或"逻辑。

我们曾经设想过把所有 L1 设备类型都添加上公用功能，这样在系统中可以随时使用。然而后来发现，逻辑其实不简单，调试过程耗费了很长时间。而其实系统中真正的公用设备又很少，这就不值得了。

我们曾经也以为它应当属于一个 L2 设备，但后来分析发现，如果要做出 L2 设备，就要在整理设备类型、统计数量时特别标注。而从电气回路来说，一台公用的电机和一台无公用属性需求的电机并没有什么区别，并且也不见得公用电机就一定功率大、更复杂。所以如果把它划分为 L2 设备会影响前期的系统设备统计，因为受到工艺原理的影响，会经常出错。

所以，认定它其实更应该属于一台 L3 工艺设备，一台最简单的只包含了一台 L1 子设备的工艺设备。

一旦把需求确定之后，实现就容易了。当然具体实现的方法有很多。这里只是提出作者个人的一些思路：

首先，使用方（L4X 自动工艺逻辑）调用公用电机起停时，不能再只是简单的起动停止，而是包含使用方的唯一身份 ID，以及另外一些身份标注信息。所以，建立了一个 "IDinfo" 的 UDT，见表 5-15。

表 5-15 IDinfo

ID	Int	ID，通常为 IDB
加 1	Bool	
减 1	Bool	
减到 0	Bool	必须当下立即停止
Instance	WString	调用方的实例名
Comment	String	备注信息

（1）ID

用作身份识别的 ID，其实最好用的是每个实例的 IDB，这一定是可以确保唯一不重复的。

然而通过程序获取 IDB 的号很麻烦，有函数可以实现，但只支持 S7-1500 PLC，却无法在 S7-1200 PLC 中通用，导致通用性太差。

所以，最简单的方法是，调用方 L4X 的输入侧加个 ID，直接在实例化时对所生成实例 IDB 的号输入常数值。既然是人工输入，因此随便输入不重复的数字也可以。

ID 用于最终生成一个使用方 L4X 的数组列表记录。

（2）加 1

因为设备公用化之后，就不再是简单的起停，使用方收到指令后需要计数并记录，最终判断需要使用的使用方数量大于 0，则设备运行。

同时，为避免单个使用方连续发出起动指令而导致数量虚增，对每一个加 1 指令需要核实有没有在记录中。

（3）减 1

同样的道理，原本的停止指令也不再是确定停止，只是计数减 1。然而，同样也需要核查记录中是否存在使用方的 ID，只有存在，才清除其记录。

（4）减到 0

这里才是真正的停止指令，根据工艺的需求，某些特定情况下，需要设备立即停止，则不再满足其他使用方的需求，强制清空所有记录列表，停止设备（根据需要，其他使用方有可能需要产生错误报警提示）。

（5）Instance 和 Comment

记录了使用方的文字信息，调试时可以查看。如果运行时还需要监控，则可以再增加 HMI 功能，传送到 HMI。

由此，最终建立的公用电机的库函数如图 5-114 所示。

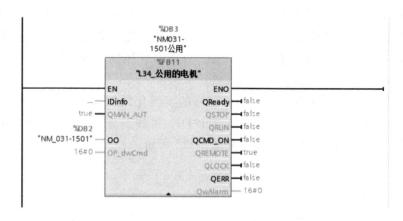

图 5-114　公用电机

用 IDinfo 取代了原有的 AUTO_ON 引脚。

使用方原本的直接操作 AUTO_ON 引脚，变为每次在发出起动或停止需求之前，需要先整理合成 IDinfo 信息，送到公用设备的引脚之后，实现了对公用设备的起停调度。

注意，我们在定义 IDinfo 信息时，使用了中文，即这个 UDT 的成员名称包含中文。到了工艺层面以后，各种指令状态描述开始复杂起来，如果使用英文，需要的词汇量激增，对于许多同行，会成为一种负担。

我们的观点是，只要软件环境允许，可以使用中文，不必特意为了使用英文，而创造一些蹩脚的无人能看得懂的英文词汇。

5.6.2　公用设备：急停按钮

为保护人身和设备安全，在控制系统中经常需要有急停功能，急停按钮按下，所有动力设备停止运行。很多时候这种急停功能通过电气回路已经将设备输出切断。然而在软件中，也仍然需要加以停止，而不能使控制系统运转状态和设备实际状态产生背离。而且有些简单系统的电气回路并没有做急停保护，只是在软件逻辑中实现。

对于电机设备，通常通过所谓外部故障引脚 ERR_EXTERN 收到急停故障信号，所以通常的方式只需要把急停信号的 DI 信号直接或者取反后接到引脚上。

然而，这非常不够简洁，也违反了我们标准化的准则，一个 DI 信号会被程序中所有设备实例都引用，而如果个别设备实例化程序中因为疏忽原因，忘记绑定或者输入错误，就会导致重大事故风险。

我们讲所有 I/O 都属于且只属于一台设备，那么本质上来说，急停按钮是一个单独的 DI 设备，而不是属于某台电机设备。

我们可以把一个代表急停的 DI 设备类型增加到每个电机设备的 INOUT 引脚，我们在工程应用中很长时间也是这么做的。然而逐渐发现其实这也很不方便，不够简练。比如，在并不需要急停，且没有急停按钮的系统中，标准电机块的急停引脚反而因为没有实参而报错。

现在我们给出的方法是，把急停信号的实例化做到一个 FC 中，通过 OUT 信号输出状态。电机块的逻辑中调用这个 FC，得到了急停的状态。而每个实例均调用，则全部得到了急停状态，如图 5-115 所示。

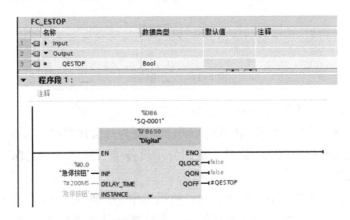

图 5-115　FC_ESTOP

在每个电机块及再封装的各种设备块任意一层，最前面加入对急停 FC 的调用，如图 5-116 所示。

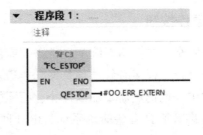

图 5-116　调用 FC_ESTOP

如果是 SCL,则插入"FC_ESTOP"(#OO. ERR_EXTERN)即完成了对公用急停信号的处理。这种处理方法同时引出了另一个问题:如果一个系统中,有多个急停网络怎么办?比如一套 CPU,其实是带了 2 台或多台完全独立的机械设备,电气回路是互相隔离的,仅仅是 CPU 的计算能力和扩展能力公用。很显然,为每套系统单独设计库函数底层块是不可以接受的。解决的方法是在上面的 FC_ESTOP 中解决。通过分成不同的安全厂区分区,调用不同的分区的急停信号来实现。使用相同的方法可以实现其他具有类似的全局公用功能的设备,如中央集中声光报警等。我们在讲解高内聚、低耦合的环节中,明确了要把程序中耦合与内聚尽量分开的原则。这里同样贯彻了这一点。而不同之处是,这里的耦合环节在内层,而内聚环节在其外层。所以最终,我们标准化的程序结构由内而外,实现的顺序是,内聚—耦合—内聚—耦合,呈现出一个多样复杂的形态,从而实现各种足够复杂的需求。团队负责不同工作内容分工的成员,根据自己的定位处理完成自己负责的工作。简单说就是,内聚部分的功能由开发人员完成,可以简单复制到不同项目中而不需要修改和调试。而耦合部分的功能由具体项目的设计人员根据项目不同而完成,如上述的报警按钮的 DI 通道地址,反而需要在程序调用比较内层的耦合模块中完成。

由此,也可以对项目的程序块进行简单分组,标明需要随项目修改(耦合)或不需要随项目修改(内聚),归属于不同的文件夹。同样的设计思想,可以参考作者文章《【万泉河】工业控制系统中的 Tik- Tok》。

5.6.3 公用设备:中央声光报警系统

中央声光报警系统在 20 年前的控制设备中非常常见,几乎每台自动化设备、每套系统都有。后来 HMI 和上位机比较普及了,也就不再是必备了,但仍然偶尔有系统需要用到,如控制系统输出 2 个或多个 DQ 点,驱动一个声音 + 指示灯或多个指示灯的灯柱。

功能逻辑:当系统中有新发生的报警时,除了指示灯亮起之外,还有声音报警的警笛响起。同时系统中有确认按钮,当人工按下 ACK 或者 RESET 按钮之后,声音停止输出,而指示灯继续点亮,直到这个故障完全消失,然后指示灯熄灭。因为声音报警通常比较吵闹,而操作人员有可能第一时间会去处理线上的故障,没时间来控制柜按 ACK 按钮,所以还可以设置延时时间,时间到后自动确认,声音停止,但指示灯可以保持闪烁,直到故障消除后,指示灯熄灭。所以,简单地说,对系统的所有报警信息的判断是有报警或有新报警,分别对应的是指示灯和发声警笛,即为中央声光报警系统。

通常的解决方法是,读取系统中所有故障点的故障信号,整理到一个大的数据区中，然后对这个数据区进行判断比较，得出有新报警和有报警的状态，输出到声光报警器。

然而，在标准化框架下，找不到一个合理的读取系统所有故障点，整理报警数据区的环节，所以，这是标准化设计方法的痛点。以至于我们在设计控制系统时，都尽量不用声光报警，或者把声光报警功能直接设计在 WinCC 上位机上。

这里面有一段长达十多年的故事，有兴趣的读者可以阅读《【万泉河】如何优雅地点亮系统中央声光报警》。

本节内容摘录自那篇文章，文章中提出的解决方法设计了一个专用的 FB-HA2，如图 5-117 所示。

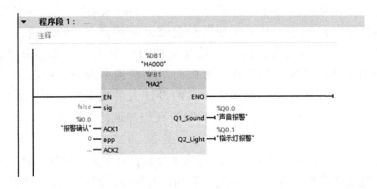

图 5-117　FB-HA2

HA2 中有一个 app 引脚，在程序调用建立实例化时，设定 app = 0，然后把声光的输出点绑定。而在实际使用中，app = 1，但不需要绑定 Q 点了。

特别重要的一点是，不管是实例化，还是使用中，背景数据块是同一个。所以，在实际使用中，只要有报警信号发生，需要触发中央报警时，就把块的调用复制过来，触发一次。

系统中所有设备类型的设备库函数均加入 HA2 报警功能，则可以实现无遗漏地报警所有系统故障。

具体的实现可以参考 5.6.2 节的急停信号的处理方法。甚至，急停与声光报警的安全区域大多数情况下是完全重叠的，那么也可以用同一个块逻辑来实现，即把两者作为一个整体的设备对象来对待。

5.6.4　设备的联锁功能

我们在讲解 BST 基本设备库函数时，讲到控制系统中通常需要设备间有联锁功能。某些设备在特定状态条件下，另外一些设备需要禁止运行，以保护设备和人身安全。BST 库函数的每个设备类型都有 LOCK 这个输入引脚。

联锁功能的本质是一种自动逻辑，所以可以在工艺设备的自动逻辑模块中实现。然而，它又比自动逻辑的适用范围更广。不仅系统自动状态下适用，而且在手动状态下，人工起动设备也要满足相应的联锁条件，以保护设备和安全。所以联锁功能是在手动状态下也生效的一种自动逻辑。即便设备的自动功能还没调试完成，也需要联锁功能完备，保护人工手动操作系统时的安全。所以，可以为相应的设备组设计单独的联锁功能工艺块，提前调试，提前投入保护。然而也可以在自动功能完成之后，在自动逻辑中完善联锁功能。大部分互相有联锁需求的设备，工艺上应该也会属于同一个工艺设备单元。

现在假设有几个互相联锁的设备，如从上而下的三条输煤皮带的皮带电机 #1、#2、#3，为了防止堵料，下层皮带未开启时，联锁锁定其上层的皮带，禁止起动，即#3 联锁#2，#2 联锁#1。建立 FB，接口为 3 个相应设备类型的电机，如图 5-118 所示。

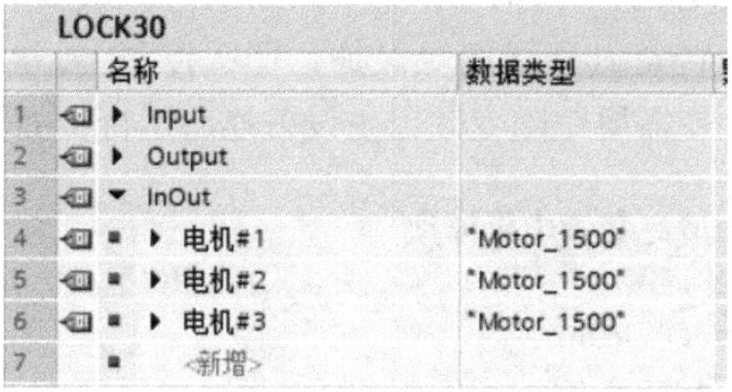

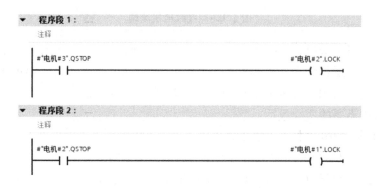

图 5-118　FB-LOCK30

然后逻辑部分很简单，如图 5-119 所示。

程序段 1:
注释

`#"电机#3".QSTOP` ──┤ ├──　　　　　　`#"电机#2".LOCK` ──( )──

程序段 2:
注释

`#"电机#2".QSTOP` ──┤ ├──　　　　　　`#"电机#1".LOCK` ──( )──

图 5-119　LOCK 逻辑

然后在 OB1 框架内调用它，并实例化，实参绑定相应的设备实例就实现了设备互锁保护的自动逻辑。如果系统中同样的联锁功能有多个，则可以重复调用多个实例，分别绑定不同的实参设备组。

有读者会发现我们在 FB 中的变量使用了中文名称。是的，我们的标准化编程架构并不做出严格的命名规范。只要编程软件支持的字符，我们都允许使用。如果有公司需要对命名规则做出规范，禁止使用中文命名，也只是公司行为，对我们标准化编程来说，不是必须的，也不认为会带来必然的更好的效果。请参考作者文章《【万泉河】就是要用中文编程》。

5.6.5　设备的连起功能

与 5.6.4 节的联锁功能类似，系统中通常还有一些设备互相之间有连起功能的需求。有一些比较重要的辅助设备，当主设备运行时，需要其自动运行，同样这不属于自动逻辑，即便在手动模式下，人工操作起动了主设备，也要求辅助设备联锁起动。同时，这也简化了自动工艺设备逻辑的复杂程度。把辅助设备的连起功能完善之后，在设计自动逻辑时，就完全可以不再关心它了。

比如大功率变频电机，冷却风扇是单独控制的。很多时候，电气回路为了设计标准化，就不会特意做硬线逻辑保护，那么控制上，冷却风扇作为一个普通电机类型的对象，就需要跟随变频器主设备连起运行，如图 5-120 所示。

		名称	数据类型
		L302_变频电机风扇	
1	◀ ▶	Input	
2	◀ ▶	Output	
3	◀ ▼	InOut	
4	◀ ▪ ▶	变频电机	"SFM_1500"
5	◀ ▪ ▶	冷却风扇	"Motor_1500"

图 5-120　变频电机风扇

对冷却风扇来说，需要长期处在自动状态，而变频器的运行状态需要联动驱动风扇电机运行的自动运行指令。所以，冷却风扇作为一个完整的 L1 设备，虽然有完整的 HMI 通信接口，但其实并不需要在 HMI 出现。

程序中需要的功能包括：

1）切换风扇电机到自动状态。

2）主电机运行的同时发出指令驱动风扇自动运行。

3）在主电机运行后延时判断风扇如果未在运行状态，对主电机发出外部故障信号，禁止其运行。

风扇对主电机的故障信号必须有一定的延时，否则在开始时，故障状态一直发生，主电机就永远开不起来了。

5.6.6 多路可操作员控制的可视化联锁功能

有一些设备的联锁条件不止一个，而且有的系统还需要在设备运行期间由操作员来临时操作决定每一个互锁条件是否激活。

这通常只在特定行业中用到，所以前面并没有提及。而其实 BST 例程在早期的版本 V2.3 中提供了一个功能较为全面的 BST_ILOCK（FB651）库函数，如图 5-121 所示。

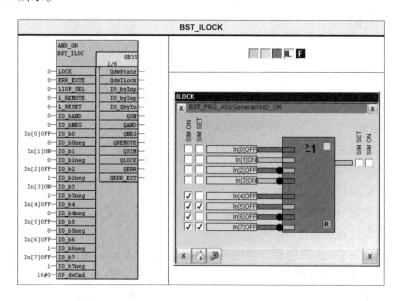

图 5-121　BST_ILOCK（FB651）

库函数提供了 8 个引脚，运行中在 WinCC 界面上可以直观看到每一路的通断情况，并可以设置与、或逻辑，并激活与禁止任何一路。每一路还有文字描述。但可惜，这个块在新版的 Portal 系统中并未提供，所以只有 STEP 7 V5.5 版本的程序源代码。如果有读者的项目需要用到，请自行找到并升级到 Portal 环境来使用。

对于旧版的 FB651，文本信息是通过在 CFC 组态时输入的，如果在 Portal 环境实现，则可以直接在 PLC 中处理，甚至可以编程自动从相关的设备中提取其文字信息，用于自动在 WinCC 中显示，自动程度会比原来有所提升。而 WinCC 的面板窗口可以沿用使用。有了这个库函数之后，对于多路触发的联锁功能，就可以在联锁工艺功能块中加入此库函数的调用，并实现需要的功能。

5.6.7 设备的自动功能实现 1

假设还是上述联锁功能举例的 3 个皮带电机，需要成套后操作顺序起停。将上述的 FB 复制后增加起动的输入引脚，并设置 HMI 可见属性，如图 5-122 所示。

L401_皮带机群控

		名称	数据类型	默认值	保持	从 HMI/OPC..
1		▼ Input				☐
2	■	启动	Bool	false	非保持	☑
3	■	<新增>				☐
4		▶ Output				☐
5		▼ InOut				☐
6	■	▶ 电机#1	"Motor_1500"			☐
7	■	▶ 电机#2	"Motor_1500"			☐
8	■	▶ 电机#3	"Motor_1500"			☐

图 5-122　设备群控

起动的逻辑如下：

1）起动指令上升沿，切换辖区所有设备到自动模式。

2）起动指令上升沿，开起电机#1，延时。

3）延时后起动#2，再延时起动#3。

4）保持运行。

5）起动指令下降沿，按#3、#2、#1 的顺序逐个停止。

6）各台设备切回手动模式。

库函数在 OB1 中调用后产生的实例数据传送到 WinCC 后，WinCC 制作画面窗口，操作起动变量 ON 或 OFF，即可起动/停止整套设备的群控功能。假设更高一层，这样的整套设备还有 3 套，还需要群控功能，则按同样的实现方法，所建立的 FB 接口，如图 5-123 所示。

L410_多套皮带机群控

		名称	数据类型	默认值	保持	从 HMI/OPC..
1		▼ Input				☐
2	■	启动	Bool	false	非保持	☑
3		▼ Output				☐
4	■	<新增>				☐
5		▼ InOut				☐
6	■	▶ 机组#1	"L401_皮带机群控"		▼	☐
7	■	▶ 机组#2	"L401_皮带机群控"			☐
8	■	▶ 机组#3	"L401_皮带机群控"			☐
9		▼ Static				☐
10	■	<新增>				☐

图 5-123　多套群控设备的群控

控制原理同理实现。

162

5.6.8　设备的自动功能实现 2

还可以把成套的设备当作一台完全封装的电机设备来运行，INOUT 接口中增加一个普通的电机设备，如图 5-124 所示。

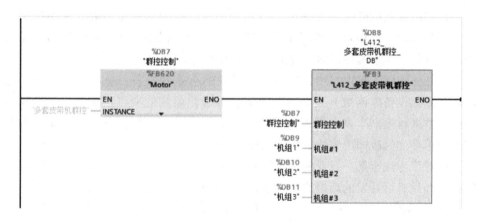

图 5-124　群控控制 FB

逻辑中通过 MOTOR 对象的 QRUN 来启动后面的工艺流程。OB1 中建立块的实例，之前先建立一个电机块的实例，用于绑定到新增的接口，如图 5-125 所示。

图 5-125　群控控制调用

电机对象的数据传到 WinCC，可以以电机设备的模式操作起动停止整套系统。而且它还有完备的手动自动切换功能、联锁功能、报警功能等。如果需要都可以直接拿来使用。

这里是把群控控制单元作为 INOUT 接口放给外部来驱动。另外也可以定义为 STATIC 静态变量的多重背景模式，统一作为 L3/L4 工艺块内部的接口，与 WinCC 通信，实现控制，这里不再赘述。

这些使用模式在分享的标准化示范项目中都没有用到，这里作为一种新的应用模式推荐给读者。

还是那句话，标准化架构的学习和开发，永无止境。

这里还只是 S7-1500 PLC + WinCC，如果把 WinCC 换成 HMI，还会有相同的工作量的内容。而如果把 PLC 换成其他品牌，以及上位机换为各种 SCADA 软件，以及自己开发定制的上位机软件，这里面的工作量都是成几何倍数增加的。

所以，要把控制系统做好做精，工程师永远有事情做，不需要担心实现标准化后无事可做了。

5.7 标准化工程实践

我们讲述的顺序，总是先理论，而后实践。在通用原理时，是这样，具体到 PLC 品牌和型号时，也是这样。

前面我们讲解了在 S7-1500 PLC 和 WinCC 中搭建设备库函数的方法，对于从底层 L1 开始到 L2、L3、L4 各层的设备函数都做了具体的讲解，并辅以示例。

现在假设我们已经开发完成了行业应用所需要的所有库函数，本小结展示了针对具体的工程项目，如何在操作层面完成项目程序设计。如何利用标准化架构的优势，实现程序高效率高准确性的生成。

当然，实际工程项目中，特别是新开发的行业和设备，总有一些新的功能对应了新的设备库函数开发需求。但随着标准化架构的项目逐渐增多，所积累的库函数素材逐渐丰富，即便有功能需要新开发，也会在已有成熟的库函数基础上简单叠加修改即可完成，功能测试的工作量会比较小。

而对于专注于某一行业的重复性极强的非标设备，在经过几轮项目实践后，往往已经没有可开发的新模块新功能，剩下的就是具体的操作累加了。

这里不再考虑开发环节，假定所有库函数都是完备的。所以，这里的工作都是属于技术含量低的简单工作，符合高内聚、低耦合原则中的低耦合的工作。

5.7.1 PLC 硬件组态和变量表生成

首先是硬件组态，根据项目设计的符号表的顺序，为 CPU 做硬件组态。我们以第 4 章生成的符号表为例。系统总共使用了 DI16 模块 2 块，DQ16 模块 2 块。选择正确型号的硬件，插入到插槽中。硬件组态如图 5-126 所示。

检查每个卡件所分配的硬件地址区，原符号表中硬件地址为空白，现在填入，见表 5-16。

设备概览

模块	机架	插槽	I 地址	Q 地址	类型	订货号	固件	注释
	0	300						
▾ A10.20.11.2	0	1			CPU 1512SP-1 PN	6ES7 512-1DK01-0AB0	V2.8	
▸ PROFINET接口_1	0	1 X1			PROFINET接口			
	0	1 X2						
DI01	0	2	0...1		DI 16x24VDC ST	6ES7 131-6BH01-0BA0	V0.0	
DI02	0	3	2...3		DI 16x24VDC ST	6ES7 131-6BH01-0BA0	V0.0	
DQ01	0	4		0...1	DQ 16x24VDC/0.5...	6ES7 132-6BH01-0BA0	V0.0	
DQ02	0	5		2...3	DQ 16x24VDC/0.5...	6ES7 132-6BH01-0BA0	V0.0	
服务器模块_1	0	6			服务器模块	6ES7 193-6PA00-0AA0	V1.1	
	0	7						
	0	8						

图 5-126 硬件组态

表 5-16 符号表

序 号	符 号 名	绝对地址	注 释
1	NM02-1001：FAULT	%I0.0	DI01_00//通风机 5.5kW
2	NM02-1001：OFF	%I0.1	DI01_01//通风机 5.5kW
3	NM02-1001：ON	%I0.2	DI01_02//通风机 5.5kW
4	NM02-3001：FAULT	%I0.3	DI01_03//搅拌电机 5.5kW
5	NM02-3001：OFF	%I0.4	DI01_04//搅拌电机 5.5kW
6	NM02-3001：ON	%I0.5	DI01_05//搅拌电机 5.5kW
7	NM02-5001：FAULT	%I0.6	DI01_06//循环泵 7.5kW
8	NM02-5001：OFF	%I0.7	DI01_07//循环泵 7.5kW
9	NM02-5001：ON	%I1.0	DI01_10//循环泵 7.5kW
10	NM02-7001：FAULT	%I1.1	DI01_11//补水泵 2kW
11	NM02-7001：OFF	%I1.2	DI01_12//补水泵 2kW
12	NM02-7001：ON	%I1.3	DI01_13//补水泵 2kW
13	NM02-7002：FAULT	%I1.4	DI01_14//真空泵 13kW
14	NM02-7002：OFF	%I1.5	DI01_15//真空泵 13kW
15	NM02-7002：ON	%I1.6	DI01_16//真空泵 13kW
16	DFV12-1001：CLS	%I1.7	DI01_17//气动阀
17	DFV12-1001：OPN	%I2.0	DI02_00//气动阀
18	DFV12-3001：CLS	%I2.1	DI02_01//气动阀
19	DFV12-3001：OPN	%I2.2	DI02_02//气动阀
20	DFV12-5001：CLS	%I2.3	DI02_03//气动阀
21	DFV12-5001：OPN	%I2.4	DI02_04//气动阀
22	DFV12-7001：CLS	%I2.5	DI02_05//气动阀
23	DFV12-7001：OPN	%I2.6	DI02_06//气动阀

（续）

序　号	符　号　名	绝对地址	注　释
24	DFV12-7002：CLS	%I2.7	DI02_07//气动阀
25	DFV12-7002：OPN	%I3.0	DI02_10//气动阀
26	NM02-1001：LAMP	%Q0.0	DQ01_00//通风机5.5kW
27	NM02-1001：Q	%Q0.1	DQ01_01//通风机5.5kW
28	NM02-3001：LAMP	%Q0.2	DQ01_02//搅拌电机5.5kW
29	NM02-3001：Q	%Q0.3	DQ01_03//搅拌电机5.5kW
30	NM02-5001：LAMP	%Q0.4	DQ01_04//循环泵7.5kW
31	NM02-5001：Q	%Q0.5	DQ01_05//循环泵7.5kW
32	NM02-7001：LAMP	%Q0.6	DQ01_06//补水泵2kW
33	NM02-7001：Q	%Q0.7	DQ01_07//补水泵2kW
34	NM02-7002：LAMP	%Q1.0	DQ01_10//真空泵13kW
35	NM02-7002：Q	%Q1.1	DQ01_11//真空泵13kW
36	DFV12-1001：LAMP	%Q1.2	DQ01_12//气动阀
37	DFV12-1001：Q	%Q1.3	DQ01_13//气动阀
38	DFV12-3001：LAMP	%Q1.4	DQ01_14//气动阀
39	DFV12-3001：Q	%Q1.5	DQ01_15//气动阀
40	DFV12-5001：LAMP	%Q1.6	DQ01_16//气动阀
41	DFV12-5001：Q	%Q1.7	DQ01_17//气动阀
42	DFV12-7001：LAMP	%Q2.0	DQ02_00//气动阀
43	DFV12-7001：Q	%Q2.1	DQ02_01//气动阀
44	DFV12-7002：LAMP	%Q2.2	DQ02_02//气动阀
45	DFV12-7002：Q	%Q2.3	DQ02_03//气动阀

　　这里比较幸运，所有卡件的地址区域都是连续的，而且顺序一致。所以只需要在 Excel 中生成 %I0.0~0.7，…，3.0~3.7，%Q0.0~0.7，…，2.0~2.7 的序列，复制到空白的单元列即可。

　　然而，这其实也不是非常容易。Excel 中，拖拽的方式生成的数值都是十进制的，而 PLC 模块地址其实是八进制的，要想自动一步到位生成好像也不那么容易，尤其是项目比较大，点数成千上万时。

　　实现的方法可以有多种，比如手动一次性多生成一点序列，保存好，以后每次项目中拿来使用。其实卡件序列通道名称也可以这么生成。

　　完成符号表修改后，可以直接复制到 Portal 软件的变量表中。Portal 软件支持导入导出功能，也支持与 Excel 之间的直接复制粘贴。这些都是可以选择的方式。

也只有软件支持这些导入导出方式，才可以实现批量式生成。我们必须掌握各种软件的这些快速操作技巧。

然而并不能保证所有项目的硬件地址都是连续的且顺序一致的。对于大型项目，硬件组态时硬件插入到机架的顺序很可能是随机的，然后，自动得到的硬件地址顺序会是杂乱无序的。

尤其有可能组态时卡件甚至整个机架都会从另一个项目的组态中复制而来。对于硬件组态单元，在复制多个卡件时的机制是这样的：检查已有的硬件的地址有没有重复冲突的，如果有，就自动寻找空位的地址值，而如果不冲突，就直接使用它们在上一个组态配置中的地址。

所以最终，如果习惯了借用已有的配置复制粘贴方式来生成硬件组态，那必然是地址顺序乱作一团。

然而，西门子在软件中并没有预留一键对硬件地址重新排序的功能。而且，据了解，未来也不大会提供这样的功能。因为西门子现在有 Openness 开放接口，所有我们觉得不好用的地方，他们都建议我们去用 Openness。有经验有能力的读者可以研究如何实现。

对于绝对地址顺序混乱，有两种解决方法。无论怎样，每个卡件都要有独立的名称，便于随时检查错误。

一种方法是手动逐个修改。先改好了理顺了，然后再整理符号表。然而也会有个问题，手动修改地址的过程中，并不会一帆风顺，因为系统还随着修改一直自动检查，遇到地址已使用，就会报错，禁止使用。

所以，或许需要改两遍：第一遍，在使用的最大地址未超过如 100 的情况下把地址全部改为 100 以上的空白地址区；第二遍，再把百位的数字去掉。当然，在地址映像区不超范围的情况下，也可以最终直接使用 100 以后的地址。

另一种方法是将错就错，维持硬件组态生成的地址，不改了（反正这个绝对地址以后不再用到了）。在硬件组态中，选择每个卡件，调出属性窗口，打开其 IO 变量选项卡，把这个卡件对应的名称和注释列的内容，从符号大表中分别复制过来。对每个卡件均需要操作两次。单个卡件的符号表如图 5-127 所示。

假设系统规模有 100 个硬件卡件，则需要操作 200 次，大约十几分钟就可以完成，就权当一边操作一边审核有没有硬件错误了。

以作者的经验和能力，在不动用 Openness 做定制开发的情况下，实在是没有更好的方法建议了。如果读者有更好的方法，欢迎推荐。

本书中所讲解的标准化编程的方法，对于西门子系统，这里是最接近于要使用 Openness 的地方。除此之外，全书的其他章节均没有提到过使用 Openness 和 Sivarc 作为辅助开发工具。这是我们的标准化方法与西门子官方所推广的高效

	名称	类型	地址	变量表	注释
	NM02-1001:FAU...	Bool	%I100.0	默认变量表	DI01_00//通风机5.5kw
	NM02-1001:OFF	Bool	%I100.1	默认变量表	DI01_01//通风机5.5kw
	NM02-1001:ON	Bool	%I100.2	默认变量表	DI01_02//通风机5.5kw
	NM02-3001:FAU...	Bool	%I100.3	默认变量表	DI01_03//搅拌电机5.5kw
	NM02-3001:OFF	Bool	%I100.4	默认变量表	DI01_04//搅拌电机5.5kw
	NM02-3001:ON	Bool	%I100.5	默认变量表	DI01_05//搅拌电机5.5kw
	NM02-5001:FAU...	Bool	%I100.6	默认变量表	DI01_06//循环泵7.5kw
	NM02-5001:OFF	Bool	%I100.7	默认变量表	DI01_07//循环泵7.5kw
	NM02-5001:ON	Bool	%I101.0	默认变量表	DI01_10//循环泵7.5kw
	NM02-7001:FAU...	Bool	%I101.1	默认变量表	DI01_11//补水泵2kw
	NM02-7001:OFF	Bool	%I101.2	默认变量表	DI01_12//补水泵2kw
	NM02-7001:ON	Bool	%I101.3	默认变量表	DI01_13//补水泵2kw
	NM02-7002:FAU...	Bool	%I101.4	默认变量表	DI01_14//真空泵13KW
	NM02-7002:OFF	Bool	%I101.5	默认变量表	DI01_15//真空泵13KW
	NM02-7002:ON	Bool	%I101.6	默认变量表	DI01_16//真空泵13KW
	DFV12-1001:CLS	Bool	%I101.7	默认变量表	DI01_17//气动阀

图 5-127　单个卡件的符号表

编程的方法差别最大的地方。

我们认为，除了必要的软件工具和技能需要掌握之外，还是要尽量避免把一些复杂工具的技能作为实现的前提条件。因为那样学习量增加许多，然而最终的适用面又很窄，好不容易学会的知识技能，因为用的机会少，很容易就忘掉，下次要使用，还需要重新再温习。

学习这样的知识属于无效学习，收获太小，不值得付出太多的精力。比如 Openness 只针对 Portal 平台有用，对于其他 PLC 品牌这些知识就用不上了。再比如 Sivarc 所能自动生成的 HMI 画面只针对西门子品牌的 HMI，对于其他第三方的 HMI 也都完全不通用了。

所以，只要有可能，我们还是尽量绕开这些复杂的二次开发工具。

5.7.2　设备的手动程序生成

程序中建立一个个被 OB1 调用的 FC 块，分别取名 A001、A002、A003 等，每一个 FC 代表手动模式下运行的一个类型的设备。

FC 中梯形图调用 FB 时，实例名使用设备的位号，如图 5-128 所示，即完成了一个设备对象的调用。

然后，将这个段复制，再用查找替换的方式，改为下一个实例。

以此类推，完成一个设备类型，而后完成所有设备类型的实例化调用。

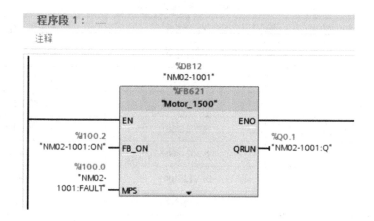

图 5-128　手动调用

　　总体来说，都是建立第一个以后，用复制、查找、替换的方法就可以完成。因为变量名都是规范的统一的，所以非常有规律性，不需要担心会因为手误导致的错误。即便偶尔发生错误，一眼看去，也很容易发现。

　　效率还是很高的，比传统非标准化的编程已经有了很大的提高。

　　然而，在系统规模大，同一类型设备实例数量多的情况下，我们仍然会觉得效率太低，希望有更快捷的方法。也正如我们一直主张的，凡是在动手之前已经可以明确知道答案的设计，除了可以安排助手辅助承担之外，还可以想办法用程序的便捷方法实现。

　　这样就需要选择用 SCL 来编程。

　　SCL 是完全文本化的编程语言，与各种文字处理软件兼容性好，我们可以尽量在 Excel 中辅助实现，充分利用 Excel 的强大文字处理功能和程序功能。

　　建立 SCL 的程序段，同样调用实现一个实例，生成的程序如下：

```
"NM02-1001"(FB_ON:="NM02-1001:ON",
            MPS:="NM02-1001:FAULT",
            QCMD_ON=>"NM02-1001:Q");
```

把现有的位号信息用 AAAA 替换，即得到了一个设备类型的程序模板如下：

```
"AAAA"(FB_ON:="AAAA:ON",
       MPS:="AAAA:FAULT",
       QCMD_ON=>"AAAA:Q");
```

结合原始的设备位号表（见表 5-17），在 Excel 中，用自动替换的手段，就可以生成所有设备的手动调用程序。

表 5-17 设备位号表

序 号	位 号	注 释
1	NM02-1001	通风机 5.5kW
2	NM02-3001	搅拌电机 5.5kW
3	NM02-5001	循环泵 7.5kW
4	NM02-7001	补水泵 2kW
5	NM02-7002	真空泵 13kW
6	DFV12-1001	气动阀
7	DFV12-3001	气动阀
8	DFV12-5001	气动阀
9	DFV12-7001	气动阀
10	DFV12-7002	气动阀

当有 10 台设备实例时，程序脚本也不过是规律重复的 10 行。

然而，当自动建立 SCL 程序后，会发现那些新建的实例名不合法，原因是 IDB 不存在。所以，还需要先逐个建立 IDB。研究探索到的一个方法是，对已经生成的 IDB，在右键菜单中选择"从块生成源"，如图 5-129 所示。

图 5-129 从块生成源

生成的 .DB 的文件是文本类型。打开后的内容如下：

```
DATA_BLOCK"NM02-1001"
{ S7_Optimized_Access:='FALSE'}
AUTHOR:RM
VERSION:1.0
NON_RETAIN
"Motor_1500"
BEGIN
END_DATA_BLOCK
```

与前面的程序部分一样，也可以生成模板，复制生成多个实例，并把其中的位号替换为位号表中的设备，设备类型替换为库函数的名称，然后在程序中添加外部源文件，并执行"从源生成块"，如图 5-130 所示，就可以批量地为所有位号表的设备生成实例 IDB。

图 5-130　从源生成块

而事实上，当我们对一个类型的项目足够熟练之后，上述的工作也完全可以合在一起，一次性生成，即所有设备类型的设备实例均在一个 Excel 表单中一次生成。作者文章《【万泉河】PORTAL 里面快速生成模块批量调用》有过详细描述，这里不再重复。

5.7.3　设备的自动程序生成

自动程序（包括联锁和连启）的生成，其实就是所开发好的 L3 工艺库函数的实例化，在相应的工艺块开发过程中已经有讲解。

通常这种实例数量并不多，所以尽管可以，但其实没有必要像 5.7.1 节一样进行 SCL 批量生成。所以通常就用梯形图生成调用实例最简单直接。

这时，更多的是摊开工艺图，工艺图上事先已经标注好了设备位号，然后根据工艺图来输入实参名称，通常工作量就很小了。

读者可参见作者文章《【万泉河】PLC 编程标准化：照着系统工艺图编 PLC 程序》。

5.7.4　WinCC 库面板个性化处理

WinCC V7.5 发布之后，带来了一个新功能，画面文件可以分目录了，即过去所有画面文件，以及为画面所设计的各种图标、图像文件，都平铺放在项目文件夹的 GRACS 文件夹里。BST 库画面模板带来的各种文件数量不少，如果还使用 OS 项目编辑器自动生成了各种画面和图标，则一个项目与具体工程相关的内容还没开始做，就先有几百个文件了，相当杂乱。所以，我们需要把文件分组。

OS 项目编辑器自动生成的内容动不了，而且只能在画面根目录里。那么我们可以把库文件部分和为项目建立的文件分别分组。建立一个 BST 的文件夹，把所有库文件放到这个文件夹中。然而还需要做一些修改。

首先，原本的那些画面名称都是称为 DEMOxxxx 的，显得不够正式。先手动将各个文件名改掉，可以改为自己公司的特定标识，这里假设也改为 BST。

逐个打开各个画面 pdl 文件，全选之后，选择编辑→链接→文本，如图 5-131所示。

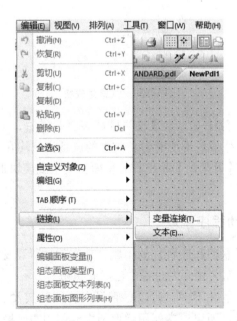

图 5-131　链接\文本

搜索 DEMO 字样，如图 5-132 所示。

过滤出所有使用了 DEMO 名称的文件名，替换为"BST \\ BST"，前者为路径名，后者为新图标文件的开头标识。

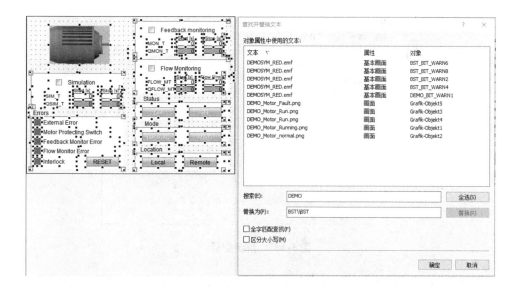

图 5-132　文本搜索和替换

　　整体替换后大部分可以完成，然而会有疏漏。这是因为一些动态显示的对象，不同的状态引用了不同的图形文件，这种文本搜索不能搜到，所以需要运行后再逐个检查替换。

　　一番替换之后，这些库面板文件才算真正属于自己标准化项目的一部分了。以后的项目可以直接复制整个 BST 文件夹到新项目中即可。

5.7.5　WinCC 变量和画面图标

　　在 WinCC 中建立到 PLC 的通信连接，成功之后，在运行状态，执行 AS 符号上传，即实现了所需要的所有变量的建立。前文已有描述。

　　然后以静态工艺图为画面背景，在各个设备的位置放置其面板图标，绑定变量，如图 5-133 所示。

　　完成一个之后，相同类型的可以复制，复制后可以通过替换变量的方式修改变量链接。如此在每个画面中完成画面设计。

　　如果有个别需要批量修改的内容，可以考虑开发 VBA 脚本命令，以实现更高效的设计。作者文章《【万泉河】实战 WINCC VBA》中介绍了一种典型的使用 VBA 实现快速设计的方法。

5.7.6　WinCC 趋势图和报警

　　前面讲过，标准化设备的趋势图都随对象显示在对其设备的操作面板中，

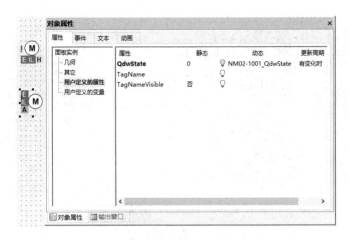

图 5-133 绑定变量

而要求则是，变量记录中存储的变量必须在特定的文件夹中。按照约定的名称，建立文件夹，然后选择需要归档的变量即可。通常，这个工作量不大，几分钟可以完成，所以通常不需要有什么高级的高效处理。

然而如果确实项目巨大，需要归档的变量多，也可以使用 Excel 工具以及 WinCC 中的 VBA 工具来实现，读者有这种项目机会时可以探索实现。

然后是报警部分。如果下位机 PLC 是 S7-1500 PLC，则在运行状态下，导入 AS 报警即可。而如果是 S7-1200 PLC，在 Excel 中生成 PLC 变量表时应该已经为其同时生成了 Excel 格式的 WinCC 报警信息列表，这时复制导入即可。

当然了，通常 S7-1200 PLC 的项目规模不会太大，最多几十个设备实例，即使手动在 Excel 中生成，也没有多少工作量。

至此，大部分的 WinCC 设计工作完成。

5.7.7 关于程序注释

历来业界对程序注释的争论比较多。主张程序注释非常重要的一方甚至把完备的注释作为评价程序好坏的关键标志。

从我们全书的演示中读者应该也发现了，我们的标准化程序很少有注释。其实，我们在制作演示程序时，也想尽可能地把注释写清楚，然后再截屏。

然而，大多数时候，发现根本没有必要。程序的功能想要实现的目的都非常直观的情况下，非要硬加上注释，反而有些画蛇添足。

我们标准化的程序有内聚部分和耦合部分两部分，即库函数的部分和实例化的部分。对于库函数部分，取决于逻辑的复杂程度和最终的使用目的。如果库函数最终都是封装的，甚至加密的，有没有注释，需要有多少注释，都是取决于参与协作开发的工程师自己。

其中比较重要的是对库函数功能的描述，如本书中花费了大量篇幅所介绍的 BST 库函数的功能。

而实例化的耦合部分，我们多次强调，逻辑要尽量简单，那么对于逻辑足够简单的程序，注释就基本没有必要，在注释上面浪费太多的时间，也同样浪费工作效率。

只需要在项目前期工作中把位号名称、设备注释等整理充分，程序中，即便没有注释，所有人也可以一眼看懂。这是我们在前面花费大量篇幅介绍设备分类、位号编制、符号表编制的原因。

所以，读者在被灌输强调程序注释重要性的同时，还需要知道另一个说法：好的程序自带注释。读者可参见作者文章《【万泉河】PLC 编程：注释有多重要?》。

5.7.8 关于编程语言的选择

我们在所有讲解中，编程语言只用到了 SCL 和 LAD 两种，因为这两种语言最常用，支持度也最高。

然而，如果一些 PLC 型号支持特殊的编程语言，或者将来会提供一些更高级的语言，如 GPAPH、SFC、CFC、CEM 等，这些语言在实现特定的工艺功能时有相当大的优势的话，读者在设计自己工艺专属的库函数时，也完全可以选择使用。

这里只针对 LAD 和 SCL 的选择，推荐一篇文章阅读:《【万泉河】PLC 编程语言 LAD 和 SCL 如何选?》

第 6 章

其他 PLC 品牌型号标准化探索

本书在讲解标准化架构原理部分时就指出，标准化方法是一种思想架构，不依赖于 PLC 品牌和型号。所以本书的整个架构也是刻意将原理和具体应用实践分开。

然而受限于本书的篇幅和作者本身的经验和能力，大部分内容只是讲解了西门子 S7-1500 PLC 的应用。然而我们也对其他品牌和型号的 PLC 产品做了调研，一些型号也合作开发了标准化应用示范。

本章集中介绍对部分主流 PLC 品牌和型号的标准化应用可行性分析。

由于各 PLC 的功能主要取决于其软件平台，所以我们的评价目标主要针对各软件平台。统一平台下的不同型号差别并不明显，所以不予具体区分。如有个别差异，则按照其产品线较高型号的产品的性能进行评价。

除了书中重点介绍的西门子 TAI Portal 平台作为参考基准而继续参考外，其他的平台包括：

- RS Logix   （罗克韦尔，Rockwell AB，1756/1769 系列）
- GX Works   （三菱，Mitsubishi，Q 系列）
- SYSMAC   （欧姆龙，OMRON，NJ 系列）
- TwinCAT 2/TwinCAT 3   （倍福，Beckhoff，全系列）
- PS501   （ABB，ABB，AC501）
- SoMachine   （施耐德，Schneider，M 系列）
- STEP 7 MicroWIN Smart   （西门子，Siemens，S7-200 Smart）

毫无疑问，这些产品中性能最差的是 S7-200 Smart PLC，因为它只是一款小型 PLC，只具备基本的编程功能。然而即便如此，我们仍然成功开发了 S7-200 Smart PLC 平台的标准化应用范例，分享后在学员中广受好评。

所以，支持度是个量级的概念，不是简单的是或否的判断。只要努力去做，当下所有品牌的 PLC 都可以按照我们介绍的方法架构实现标准化编程。

评价一款 PLC 产品（软件平台）对标准化架构的支持度，主要有 3 个维度：

1）功能本身是否支持面向对象，以及对象的层级调用。

这其实容易确认，软件安装后简单运行测试各种功能即可。

2）软件的便捷程度，即在实现了标准化架构之后，是否可以达到快速的、批量化的目标，各种自动生成工具是否可以用于大批量数据快捷生成。

虽然各厂商在宣传页上都会大力宣传其设计的接口开放性、兼容性、使用便利性，然而真正使用中，总是不尽如人意。当然，同样一款软件，有可能厂商随后不断升级推出更高版本的软件后，提供的功能可以大幅提升，那些有障碍的问题可以得到解决。

所以我们现在所做的分析评价，只代表 2021 年当下各厂商最新版本的水平。

如果读者在读到本书时，各厂商又纷纷发布了更新版本软件平台，敬请大家针对本书中提到的功能点进行测试，以重新评估。

3）官方及业界是否有现成可用的 L1 库函数。

这其实反而有些难。如西门子提供的泵阀等基础设备库 BST 例程，这些库函数其实逻辑并不复杂，更多的是需要精心做好配套的上位机画面面板。如果做好了，对于这个品牌的使用者来说，即便还不会使用标准化架构方法编程，也会带来极大的便捷。

然而令人匪夷所思的是，大部分的 PLC 品牌都不直接提供，如西门子长期以来有 PCS 7 DCS 软件，其中配置了大量功能类似的库函数，然而 PCS 7 的特殊架构导致了在普通的 PLC 架构中使用这些库函数非常困难。

即便如西门子，在推出 BST 例程之前，其实也并没有像样的设备级别库函数可以使用。要做标准化，除了原理的支持以外，这些基础的库函数的开发工作都要先耗费大量的精力成本。

所以，我们一方面把官方有没有提供 L1 设备库函数作为考核指标，另一方面也把其编程语言语法的通用性和可移植性作为考核。

如果某个 PLC 品牌没有官方可用的 L1 库函数，我们就尝试从西门子的 BST 库移植。因为 BST 库函数提供了开源的 SCL 源代码，只要解决移植过程中的困难，反而节省了约定接口协议的麻烦，而且因为接口协议是相同的，就可以和 BST 共享使用上位机画面模板，只要打通 WinCC 和这些 PLC 的通信即可。在 OPC 和 OPC UA 盛行的今天，这都不是难事。

当然，还有一个好处是，如果将来有移植到一些专用 SCADA 软件的计划，这种开发工作也只需要做一次。一次开发就可以实现所有 PLC 品牌通用，也是相当棒的。

比如，我们可以预期将来会有面向标准化 PLC 程序的 InTouch 画面模板、

iFIX 画面模板、组态王画面模板等。除了可以与西门子 S7-1500 PLC 的标准化程序对接，也可以与后来开发的各品牌平台的 PLC 的程序对接。

现在，我们从低到高列举一些关键指标，并先以 TIA Portal V16 为基准打分（见表6-1），最后会对各品牌平台逐个打分并分析。

表 6-1 功能评价表（西门子 Portal）

序 号	功 能 要 求	TIA Portal V16
1	支持 FB	10
2	支持 FB 嵌套	9
3	PLC 符号寻址	8
4	字符串变量支持	9
5	PLC 变量表批量导入	8
6	文本编程语言（便于跨品牌迁移）	8
7	程序内容批量生成	8
8	PLC 产生上位机报警	8
9	PLC 产生变量记录	0
10	官方提供 L1 库函数	10

打分为 0~10 分，对 Portal 打分的依据来自于本书的介绍。未得满分的部分为缺陷。得 0 分为根本不支持。问号则为不确定。

6.1 RS Logix（罗克韦尔，Rockwell AB，1756/1769 系列）

RS Logix V20 的功能评价见表6-2。

表 6-2 功能评价表（AB）

序 号	功 能 要 求	RS Logix V20
1	支持 FB	10
2	支持 FB 嵌套	10
3	PLC 符号寻址	8
4	字符串变量支持	2
5	PLC 变量表批量导入	5
6	文本编程语言（便于跨品牌迁移）	8

（续）

序　号	功能要求	RS Logix V20
7	程序内容批量生成	6
8	PLC 产生上位机报警	2
9	PLC 产生变量记录	2
10	官方提供 L1 库函数	8

注：1，2：AB 的软件从 10 多年前的旧版本就一直支持。

　　3：支持。但对变量命名特殊字符有限制。

　　5：变量表导入并不方便，然而可以用别名方式，以文本形式生成程序并生成变量声明。

　　8：PlantPAx 中，上位机报警信息不是由 PLC 直接生成并发送给上位机软件，而是由专用的工具软件导出。

　　10：近些年，AB 在 RS Logix 平台推出了 DCS 软件 PlantPAx，我们需要的 L1 库函数均可以从中找到。配合其上位机软件模板，如果上位机软件使用 FactoryTalk，理论上应该可以实现。

我们在实际开发中，因为很难找到熟悉 PlantPAx 应用的配合者，所以还是从 BST 例程移植实现。上位机使用 WinCC，完整实现了 AB PLC 标准化架构示范项目。

6.2　GX Works（三菱，MitSubishi，Q 系列）

GX Works V1.591R 的功能评价见表 6-3。

表 6-3　功能评价表（三菱）

序　号	功能要求	GX Works V1.591R
1	支持 FB	5
2	支持 FB 嵌套	0
3	PLC 符号寻址	8
4	字符串变量支持	4
5	PLC 变量表批量导入	5
6	文本编程语言（便于跨品牌迁移）	8
7	程序内容批量生成	6
8	PLC 产生上位机报警	?
9	PLC 产生变量记录	?
10	官方提供 L1 库函数	?

注：1：虽然支持 FB，然而其实例变量外部不可访问，导致大打折扣。

　　2：不可以嵌套调用，导致所有程序接口只能用 UDT 方法实现，效率极低。

　　4：字符串支持长度限制 32 字符。

179

总的来说，三菱 PLC 对标准化的支持很差，仅略高于 S7-200 Smart PLC，但也仍然有学员在西门子示范项目基础上移植成功，工作效率得到了较大提升。

6.3 SYSMAC（欧姆龙，OMRON，NJ 系列）

SYSMAC V1.3.1 的功能评价见表 6-4。

表 6-4 功能评价表（OMRON）

序　号	功能要求	SYSMAC V1.3.1
1	支持 FB	5
2	支持 FB 嵌套	0
3	PLC 符号寻址	8
4	字符串变量支持	4
5	PLC 变量表批量导入	5
6	文本编程语言（便于跨品牌迁移）	8
7	程序内容批量生成	6
8	PLC 产生上位机报警	?
9	PLC 产生变量记录	?
10	官方提供 L1 库函数	?

注：1：虽然支持 FB，但实例变量外部可以访问。

　　2：不可以嵌套调用，导致所有程序接口只能用 UDT 方法实现，效率极低。

总的来说，同样是日系，OMRON PLC 与三菱接近，仅略高于 S7-200 Smart PLC。

6.4 CODESYS 阵营

CODESYS V2 和 V3 的功能评价见表 6-5。

表 6-5 功能评价表（CODESYS）

序　号	功能要求	V2	V3
1	支持 FB	10	10
2	支持 FB 嵌套	6	6
3	PLC 符号寻址	8	8
4	字符串变量支持	8	8
5	PLC 变量表批量导入	2	5
6	文本编程语言（便于跨品牌迁移）	8	8
7	程序内容批量生成	6	6

（续）

序　号	功 能 要 求	V2	V3
8	PLC 产生上位机报警	?	?
9	PLC 产生变量记录	?	?
10	官方提供 L1 库函数	?	?

现在的 PLC 厂商加入到 CODESYS 阵营的越来越多了。我们考察了其中有代表性的三个品牌倍福、ABB 和施耐德。

各厂商在使用 CODESYS 内核时，使用 V2 还是 V3 取决于他们当下的版本。但从我们使用需求的角度看，差异并不大。虽然理论上 V3 的用户界面会更友好，然而我们在审查中并未发现使用 V3 内核的品牌比西门子 Portal 更优秀。

总的来说不管 V2 还是 V3，用标准化架构实现 PLC 编程都是可以实现的。其中的编程方式与西门子相比，有一些稍微严格的限制。然而大方向上是可以实现的。

我们下一步的方向会着重针对 CODESYS 环境下的标准化做一些专门开发，会面向更多的品牌，如果有可能，在开发完成后会针对 CODESYS 再集合出一本专门的专著。

当然，如果有一些较新的 CODESYS 阵营的 PLC 品牌，主动希望被加入到这个序列中，欢迎与作者联系。

6.5　S7-200 Smart

S7-200 Smart V2.5 的功能评价见表 6-6。

表 6-6　功能评价表（Smart）

序　号	功 能 要 求	S7-200 Smart V2.5
1	支持 FB	0
2	支持 FB 嵌套	0
3	PLC 符号寻址	5
4	字符串变量支持	5
5	PLC 变量表批量导入	8
6	文本编程语言（便于跨品牌迁移）	0
7	程序内容批量生成	2
8	PLC 产生上位机报警	0
9	PLC 产生变量记录	0
10	官方提供 L1 库函数	0

因为 S7-200 Smart 在西门子的产品线中是属于最低端的产品，所以 S7-200

Smart 只是用来作对照，是我们考察对比的产品型号中性能最差的，对于标准化架构所最需要的 FB 以及 FB 嵌套功能一概不支持。

然而，即便如此，我们仍然实现了在其平台的标准化开发和项目分享，并已经推广给众多的同行学习培训。

所以，我们把 S7-200 Smart PLC 列举在这里的目的，是为了说明性能如此之低的小型 PLC，也仍然可以做到标准化编程。然而需要付出一定的代价，需要做更多的开发工作。其系统性能不支持的功能，通过二次开发来实现。

这部分开发的工作量比较大，难度较高，所需要的知识技能、对 PLC 运行原理的了解等更多，所以本书中未涉及。

所以，前面所列举的各品牌的 PLC，以及未列入考察对象的众多品牌，一定也都是可以实现的。

第7章

结束语：标准化设计工作的未来

本书以西门子 S7-1500 PLC 为重点对象，讲解了 PLC、上位机乃至整个自动化系统的标准化设计原理和方法。书中的许多内容是在之前的文章以及范例分享中未曾出现的。一方面提供给广大的自动化工程师学习了解整个原理和过程，另一方面是给标准化学习营学员的补充学习教程。通过阅读学习本书，读者可以更深刻地理解所获得的范例源程序，更容易消化吸收，并加以扩展，利用到自己所从事的行业工艺中。然而，整个标准化示范项目资料内容远比本书所涉及的范围大得多。更多的细节，更多的技巧，只有通过项目本身才能发现、获取，或者直接利用。因为有太多的知识和技术细节与标准化设计无关，或者根本不是什么高级技能，不值得拿到书面上来大书特书。当然了，这些细节很多只是作者本人的经验积累以及偏好，并不代表是标准答案，所以作者也自知没有资格把这些拿出来要求别人也这么照搬照做。许多比我们更优秀、经验更丰富的工程师，或者我们没有接触过的行业，都会有各自不同的实现方法和惯例。

然而，对于许多跨入自动化行业资历稍浅，或者从业过程中没有机会遇到更好的企业技术积累从中汲取营养的工程师，如果能够有机会获取分享的标准化项目，所能获得的营养远比本书所提供的内容更丰富，更直接。至少，对于新手来说，有了示范项目做参考，可以跳过了自己从头设计的尴尬，可以一步到位拥有一个好的基础，可以在此之上专注于自己所从事的行业工艺。

这是作者将一整套的标准化设计原理方法编撰成书的原因。我们不担心将标准化设计原理方法整理出书会影响到正常的培训业务。这互相并不冲突，反而会互相促进，会吸引更多的工程师同行加入标准化设计方法的阵营，共同推进整个行业的标准化应用水平，并为各自的公司制定出更好的有利于提高生产效率的公司标准及行业规范。

一直以来，很多人误以为标准化编程就是我给你一个编程的标准规范，可以拿去使用，或者推广给公司，公司作为标准规范，强制要求所有的工程师遵守。所以我们以往都很少提及公司标准，以免引起更多的误会。

作为本书的最后章节，介绍一下一个自动化系统，理想的公司标准以及自动化行业的未来。

先看什么是公司标准。举一个 PLC 之外的例子。比如汽车制造厂的汽车生产线。

对于汽车生产线来说，整个生产线上的工人全都是不需要懂汽车的，更不需要懂设计汽车。他们所要做的是，按照公司标准的生产规范，以及细分的操作指令，完成规定的动作即可，其中包括了对部件的装配，软件的灌装，参数的调整设置等。

不仅仅汽车行业，所有的设备制造业都需要是这样的工序。

那么对于使用了 PLC 系统的非标设备制造行业，也应该是这样的工序，即所有的生产流程都应该是模块化、规范化的。

换句话说，整个生产流程中的操作者，都应该是工人，而不是工程师。即使对涉及 PLC 的部分需要的技师技能要求高一些，但绝对不能是主力工程师，因为他们需要做的工作也只是装配，而不是研发。

那么，工程师在哪儿呢？就和汽车行业一样，那些设计汽车的研发工程师应该在汽车研究院、研发中心里。他们在专心研究汽车的原理、性能、构造，并把设计理念产业化、标准化，形成公司标准、生产规范，交给汽车生产厂成为生产任务。

与之相对应的，自动化行业的工程师应该在哪里？也应该在企业的研发中心里。研发好设备的模块，包含硬件模块和软件模块，并设计好组装工艺流程，下发给生产工序，即完成其非标设备的生产过程。

甚至包括出差现场的调试工作，也不应该由工程师亲赴现场调试完成，而是应该有专门的现场服务的工程师，接受简单的培训，就可以完成现场的调试工作。

尤其现在远程调试模块如 WANQ 路由器等已经被广泛使用的情况下，工程师更不应该把生命浪费在长期出差的工程现场。

除了前期对工艺不了解或者技术水平欠佳的情况下，需要通过在现场一线的磨练积累经验之外，只要培养成熟，都应该提升进入研发序列，专心从事创新设备产品的开发。

这样，对公司，对员工个人，以及其家庭，都有益处，而且员工为公司贡献了更多的创新产品，公司获得更高的用工效率，自然也可以得到更多的效益。

就好比，那些汽车的研发工程师，自己需要亲自到现场调教自己所设计开发的汽车型号，或者到汽车修理车间亲自指导某个汽车型号的故障诊断和维修吗？现在看，是不可想象的。

我们修车时，哪怕去一个只有十几平方米的小店，汽车有什么故障，维修师傅都可以将一个诊断仪器接到汽车仪表盘下的接口上，把故障码读出来，然后根据仪器的提示，就可以一步到位了解汽车故障的原因以及维修的方法。很多时候，这个诊断仪器还可以通用于多个汽车型号乃至跨品牌。

汽车这样一台足够复杂的系统设备，能做到现在的自动化程度，我们除了感谢一代又一代汽车行业的工程师做出的贡献之外，我们自动化行业的工程师更应该学习这一点，在非标自动化设备中同样实现。

在实现 PLC 标准化编程方法之前，自动化行业的所有人都会认为这种设想是不可能的。所以没有办法，公司只好把工程师作为整个流程中的一部分，即便制造流程的其他方面都已经实现流水线作业了，但关键的 PLC 程序设计、调试等功能，还是需要人工来做，需要工程师直接面对每一个型号，每一个工程现场。工程师被绑定成了流水线上的一个机器单元。

每当公司产能扩张，要提供给客户更多的系统设备时，除了需要大量招聘基础安装工人，还需要按比例扩招部分数量的工程师专门从事设计调试工作。所以这些工程师无非是与产能配套的"工具人"而已，与多买几套工装设备并没有什么大的区别。

而当我们可以实现 PLC 标准化编程之后，解决方法就跃然纸上了。每个公司所从事的行业工艺总是有限的。即便号称公司出产每一台设备、承接的每一个订单都是不一样的，从来没有过完全一模一样的订单和设备，但细分下来，无非是其中的某个模块单元细节不一样。系统使用的模块足够多，所谓的设备之间不一样，也只不过是各种模块的排列组合导致结果数量众多而已。

很多公司，同一类的专用设备做了好多年，新的订单接到，虽说是有更改，配置和以前所有的都不一样，但不一样的部分模块，会在公司以前做过的其他设备中用过。所需要的只不过是把相关的模块，嵌入到新的设备配置中。极少系统有需要针对新的排列组合做研发验证，大部分时候，都不需要做任何验证，只需要把模块更新即可。

所以，当 PLC 系统设计也能实现充分的模块化之后，当然可以想到，把 PLC 系统的设计工作纳入生产环节的公司标准是可以实现的了。

比如一套非标设备的工艺模块包含 A、B、C、D、E、F，每个模块又有不同的配置版本 1、2、3，见表 7-1。

表 7-1　工艺模块序列

	A	B	C	D	E	F
1	A1	B1	C1	D1	E1	F1
2	A2	B2	C2	D2	E2	F2
3	A3	B3	C3	D3	E3	F3

那么只要这 $6 \times 3 = 18$ 个库模块都已经开发完成，随便什么样的客户需要什么样的配置，都可以直接从库中找到相应的模块，快速拼接组装完成。比如 A1-B2-C1-D2-E3-F1。对于研发工程师来说，只需要把这些库函数模块准备好，写好使用说明书、使用的场景、方法等即可。

当然，在系统设备的生命周期内，有可能出现更多的配置版本，乃至更多的模块需求，比如 G1、G2、H1，那就针对新的项目新开发专用的模块，除了在新项目中调试验证成功之外，将新的功能模块加入到备选库中，并更新到企业标准，之后就可以直接使用了。

让我们畅想一下一个非标设备的生产制造流程可能需要的标准规范，与自动化设计相关的部分有设备位号表生成指导书、电气元件采购选型指导书、变量表生成软件使用说明书、电气图样自动生成软件使用说明书、PLC 程序自动生成步骤说明书、HMI 软件自动生成步骤说明书、HMI 画面 UI 标准化规范、电气控制柜组装工艺指导书、电气柜上电测试指导书、设备程序调试指导书、故障诊断售后服务指导书……

工程师开发好系统设计规范，并完成上述的各种指导说明书后，就可以交给生产部门，然后就可以完全脱离具体工程项目，把精力用于更多创新产品的研发了。

当然，这个实现的过程不容易，系统软件要做得功能足够完善，做好各种故障诊断，以及故障发生时的操作指导，这些需要极大的工作量。

然而难归难，总是可行的。所以从此以后，我们面对的不再是是否可行的问题，而是如何克服这些困难，把企业标准做好，做到简单可执行，做到能成功为工程师解困，更大化地为公司提高效率和效益。而这其中的难度，才真正体现了自动化工程师的身价。

这个过程不可能一蹴而就，也不需要一步到位。你可以从零开始逐步做起，每向前前进一小步，都会有相应的成效。日积月累，总有一天会实现本书中描述的最理想的状态。

正因为这项工作难度很大，而许多同行工程师试图实现在本公司内标准化系统设计都做不到，更不用说制订企业规范化设计生产标准了，那会更感觉如同登天般困难。

这不用担心，作者已经积累了足够多的自动化行业标准化设计经验，也给众多学员和同行做过标准化设计的规范指导。如果有读者所在公司需要做这方面的开发工作，可以找我们帮忙辅导分析，甚至由我们主导完成。